数字化与生成式人工智能丛书

纺织服装高等教育“十四五”部委级规划教材

Midjourney人工智能创意设计

贾玺增 主 编

张馨翌 李 策 邓 云 贾玺增 著

東華大學出版社

· 上海 ·

图书在版编目（CIP）数据

Midjourney人工智能创意设计 / 贾玺增主编；张馨翌等著. -- 上海：东华大学出版社，2025. 9. -- ISBN 978-7-5669-2547-3

Ⅰ. TP391.413

中国国家版本馆CIP数据核字第2025WA1693号

策划编辑：陈　珂
责任编辑：谢　未
装帧设计：上海三联读者服务合作公司

Midjourney人工智能创意设计

Midjourney Rengong Zhineng Chuangyi Sheji

主　编：贾玺增
著　者：张馨翌　李 策　邓 云　贾玺增
出　版：东华大学出版社（上海市延安西路1882号，邮政编码：200051）
本社网址：dhupress.dhu.edu.cn
本社邮箱：dhupress@dhu.edu.cn
营销中心：021-62193056　62373056　62379558
印　刷：上海盛通时代印刷有限公司
开　本：889mm × 1198mm　1/16
印　张：15.75
字　数：398千字
版　次：2025年9月第1版
印　次：2025年9月第1次印刷
书　号：ISBN 978-7-5669-2547-3
定　价：98.00元

总序

当今，人工智能（Artificial Intelligence，简称AI）技术的发展日新月异。它以前所未有的速度，引领了一场技术革命，深刻地重塑着社会的每一个角落。这一变革不仅渗透进了科技领域，更如同一股强劲的飓风，席卷了设计界，颠覆了传统的设计方式、设计流程和设计模式。

作为人工智能领域的重要分支，生成式人工智能（Artificial Intelligence Generated Content，简称AIGC）是一种基于算法和模型，能学习并生成具有逻辑的文本、图片、音频、视频、代码等新内容的技术。该技术的成熟和介入标志着设计工作由人力设计到智能辅助设计的重大转变。它不仅拓展了设计工作的界定范围，也带来了创新方法、评价体系和人文层面的新挑战。从工作效率而言，生成式人工智能使得许多原本费时、费力、烦琐的工作变得快速、简单和高效。

未来，生成式人工智能技术会进一步推动艺术与技术的深度融合，激发更多创作可能，共同促进文化、产业与社会的进步。设计师们不再局限于传统的绘图板和设计软件，而是能够借助AI强大的算力与学习能力，实现设计灵感的快速捕捉、设计方案的智能优化以及设计效果的精准预测。人工智能具有非确定性特征，生成的随机性拓宽了人类的设计想象和创意边界，使得无限量创新设计成为可能，这一切都极大地变革了传统设计的美学形态和常规需求。当然，生成式人工智能技术为人类既带来便利与创新，也引发对艺术本质的反思。人工智能技术是工具而非目的，艺术的深度与独特性不可替代。

步入人工智能的新纪元时代，对艺术设计教育变革人才培养体系、加快转型发展提出了迫切的需求。面对人工智能带来的挑战与机遇，设计教育与设计实践必须与时俱进，培养出既具备扎实设计基础，又掌握AI技术应用的复合型人才。时不我待，人工智能设计的课程、教材和教法，正在加速进入艺术院校人才培养的舞台，随之而来的将是教师角色的重塑、教学内容的革新、学习方式的转变以及评价模式的深刻变革。

在人工智能快速变革设计产业和教育体系的宏观背景下，清华大学美术学院贾玺增老师站在时代的前沿，以前瞻性的视野敏锐地捕捉着行业的变化与发展趋势，积极响应时代的变革，主动拥抱基于人工智能设计带来的产业升级。贾玺增老师主编的“数字化与生成式人工智能丛书”（纺织服装高等教育“十四五”部委级规划教材），是他和团队成员近几年学术研究、实践应用的教学成果和经验总结。该丛书深入浅出，理论联系实际，图文并茂地阐述了生成式人工智能设计的基本原理、工作流程、设计方法、应用思路，列举了大量应用案例。该丛书既可以作为本科、研究生课程教材，也可以为设计行业从业者、艺术爱好者、普通读者提供一个全面、系统的学习思路。

相信这套丛书一定能助力这场由人工智能驱动的设计革命，为中国设计产业快速发展和理论建设增砖添瓦。

清华大学美术学院院长、教授、博士生导师

2024年12月

序

在人类文明的长河中，艺术与科技始终如螺旋般交织前行。今天，我们迎来了人工智能技术蓬勃发展的新时代，这项技术正在深刻改变创意设计的未来图景。Midjourney作为当前最具代表性的AI图像生成工具之一，凭借其强大的视觉表现力和多元化的风格处理能力，已成为全球数百万创意工作者的“数字伙伴”。它不仅能够精准理解抽象概念，更能融合多元艺术风格，为创作者提供前所未有的灵感支持。

本人主编和参与撰写的第一本书《AIGC生成式人工智能服装设计》在2025年初顺利出版并受到业内朋友的好评，受此鼓舞，促使我决定继续深耕这一领域，着手撰写一本专注于Midjourney创意设计的专业书籍。为了确保书籍内容的专业性、权威性和学术性，我邀请了清华大学美术学院张馨翌博士后、清华大学美术学院李策博士、清华大学美术学院毕业生邓云老师，共同撰写本书。在本书的撰写过程中，我们组织了多轮讨论和专家评审会，不断优化内容架构，将晦涩难懂的技术参数转化为直观易懂的可视化操作指南，把抽象的设计理论拆解为可复用的方法模板，力求让读者能够轻松上手并学以致用。我们期待这本书能成为行业对话的起点，激发更多关于创意设计的思考与探索。

本书《Midjourney人工智能创意设计》旨在帮助读者全面掌握这一革命性工具的应用方法，探索AI与创意设计的无限可能。与传统工具手册不同，本书更注重培养读者的AI思维和创意方法论。我们将系统性地介绍从基础操作到高阶技巧的全套知识体系，涵盖服装设计、建筑设计、平面设计、产品设计、插画创作、品牌视觉等多个专业领域。通过丰富的应用案例，读者将学会如何与AI协同工作，让先进技术真正服务于创意实践。

在这个充满无限可能性的AI时代，创意设计的边界正在被不断拓展。我们相信，本书将为专业设计师、艺术院校师生，以及所有对AI创作感兴趣的读者打开一扇通往新世界的大门，帮助他们共同把握这个充满机遇的时代，用科技赋能创意，用智慧塑造未来。祝愿每位读者都能在学习和实践中收获成长，实现知行合一的理想境界。

需要特别说明的是，本书是“江阴—清华创新引领行动专项资助项目：生成式人工智能（AIGC）在服装品牌产品研发中的创新设计方法与理论构建研究（2024JYTH11）”的重要阶段性成果。书中内容凝聚了研究团队的集体智慧，封面作者排名不分先后。

贾玺增

清华大学美术学院博士生导师

清华海澜中国传统服饰与色彩研究中心副主任

2025年6月16日

目 录

第三章　造型结构　065

第四章　光影色彩　083

第五章　构图布局　137

第六章　艺术风格　155

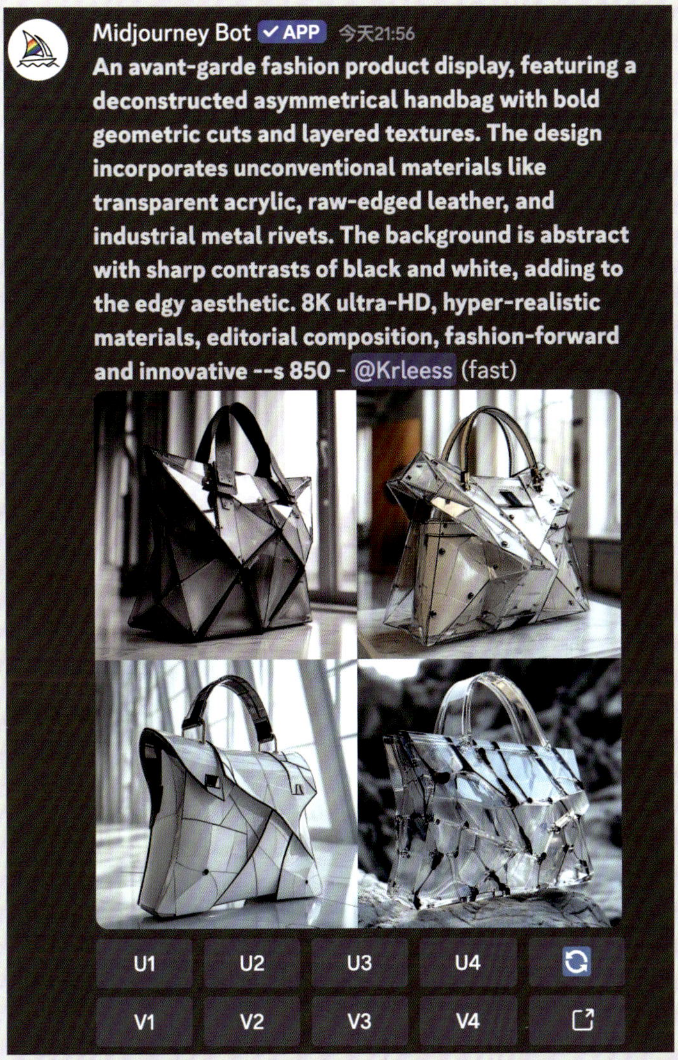

图1-1-4 / imagine指令

二、基本指令结构

Midjourney使用斜杠指令（Slash Commands）进行图像生成与编辑操作。最常用的基本指令包括：

/imagine 这是触发图像生成的核心指令。步骤如图1-1-4所示。

提示词生成案例 1

An avant-garde fashion product display, featuring a deconstructed asymmetrical handbag with bold geometric cuts and layered textures. The design incorporates unconventional materials like transparent acrylic, raw-edged leather, and industrial metal rivets. The background is abstract with sharp contrasts of black and white, adding to the edgy aesthetic. 8K ultra-HD, hyper-realistic materials, editorial composition, fashion-forward and innovative --s 850 .

一款前卫解构主义风格的时尚产品展示，手袋设计采用不对称剪裁，大胆的几何造型，层次丰富的材质组合。选用透明亚克力、未加工皮革和工业风金属铆钉等非传统材料，打造极具实验性的视觉效果。背景为黑白抽象构图，形成强烈对比，增强艺术冲击力。8K超高清，超真实材质渲染，时尚大片风格，先锋创新（图1-1-5）。

图1-1-5 提示词生成案例1

提示词生成案例 2

An avant-garde fashion product display, featuring a deconstructed asymmetrical handbag with bold geometric cuts and layered textures. The design incorporates unconventional materials like transparent acrylic, raw-edged leather, and industrial metal rivets. The background is abstract with vivid, multi-hued contrasts that create a dynamic and edgy aesthetic. 8K ultra-HD, hyper-realistic materials, editorial composition, fashion-forward and innovative --s 850 --ar 3 : 4 --niji 6 --raw.

一款先锋时尚产品展示，展示一只解构的不对称手提包，具有大胆的几何切割和分层纹理设计。设计中融入透明丙烯、有原边的皮革以及工业金属铆钉等非常规材料。背景为抽象风格，采用鲜艳多彩的对比色，营造出动感前卫的审美。8K超高清、超写实材质、编辑级构图、时尚前卫且富有创新性 --s 850 --ar 3 : 4 --niji 6 --raw（图1-1-6）。

图1-1-6 提示词生成案例2

/blend 将多张已上传的图像进行风格或内容混合，步骤如图1-1-7所示，适合在已有素材基础上进行风格迁移与组合创造。

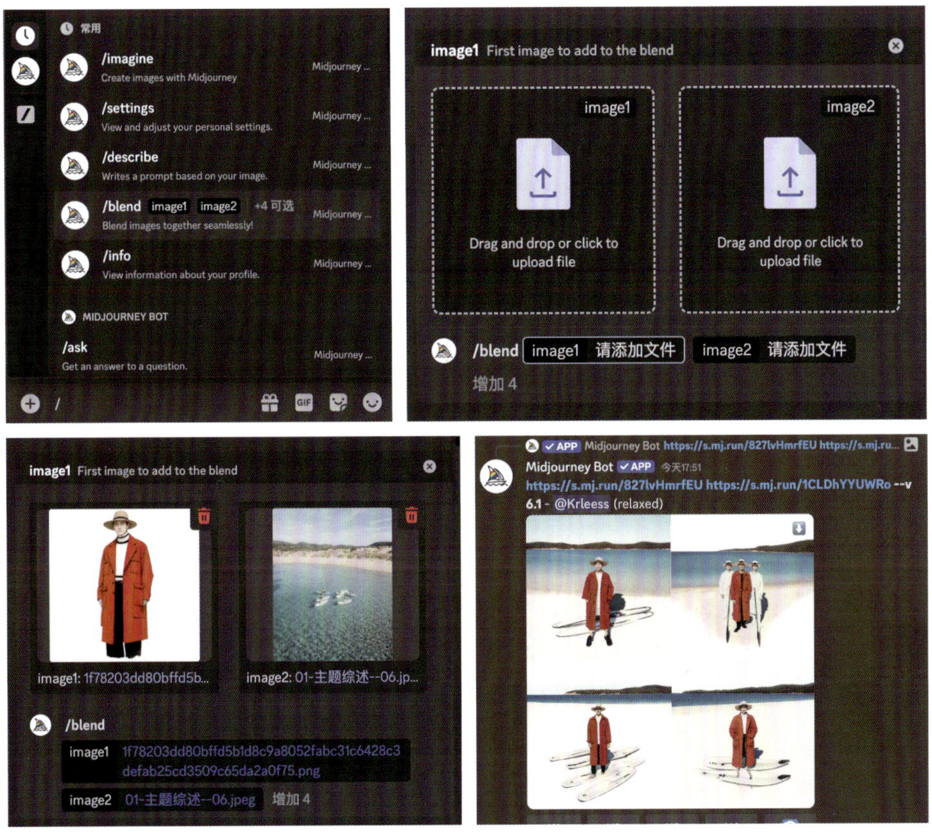

图1-1-7 /blend指令

/describe 对用户上传的图像进行分析，并返回相应的文字描述，帮助用户了解AI对该图像的理解，进而提炼更准确的提示词。操作如图1-1-8所示。

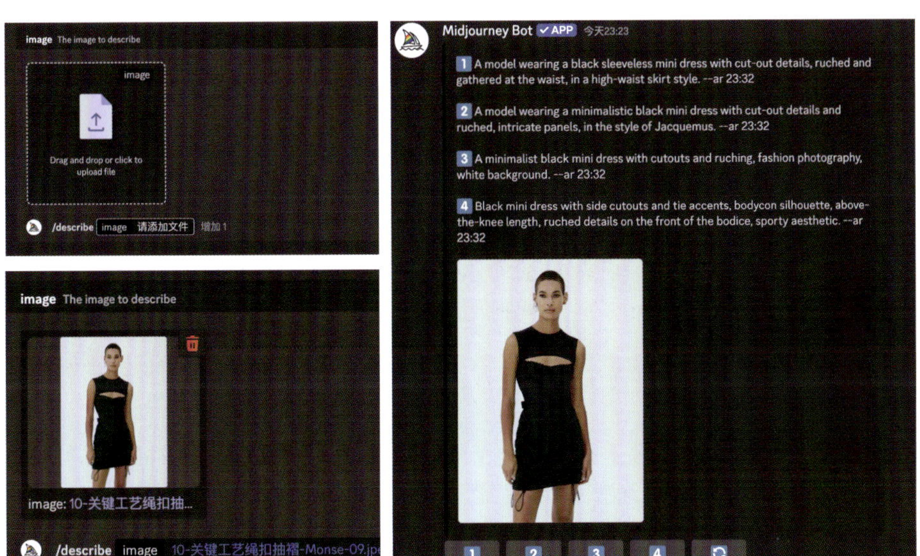

图1-1-8 /describe指令

三、生成流程与界面要点

当用户输入/imagine指令及提示词后，Midjourney会在对话频道中生成预览图像（通常为4个变体的集合，图1-1-9）。用户可以通过界面下方的交互按钮对结果进行操作。

图1-1-9 生成预览图像（4个生成图的集合）

Upscale（放大） 选择最满意的变体，对其进行放大（Upscale）以获得更高分辨率与更细腻的细节表现。U1、U2、U3、U4分别对应左上、右上、左下、右下图像。如若认为U1和U4图像满意，就可以分别点击其按钮，得到其高分辨率的图像（图1-1-10）。

图1-1-10 通过点击U1、U4按钮，放大图像

Variations（变体生成） 在满意的基准图像基础上生成新的变体，探索更多图形可能性。V1、V2、V3、V4分别对应左上、右上、左下、右下图像。如若认为V3图像方向满意，想生成更多类似的图像，就可以点击其按钮，得到更多类似的图像（图1-1-11）。

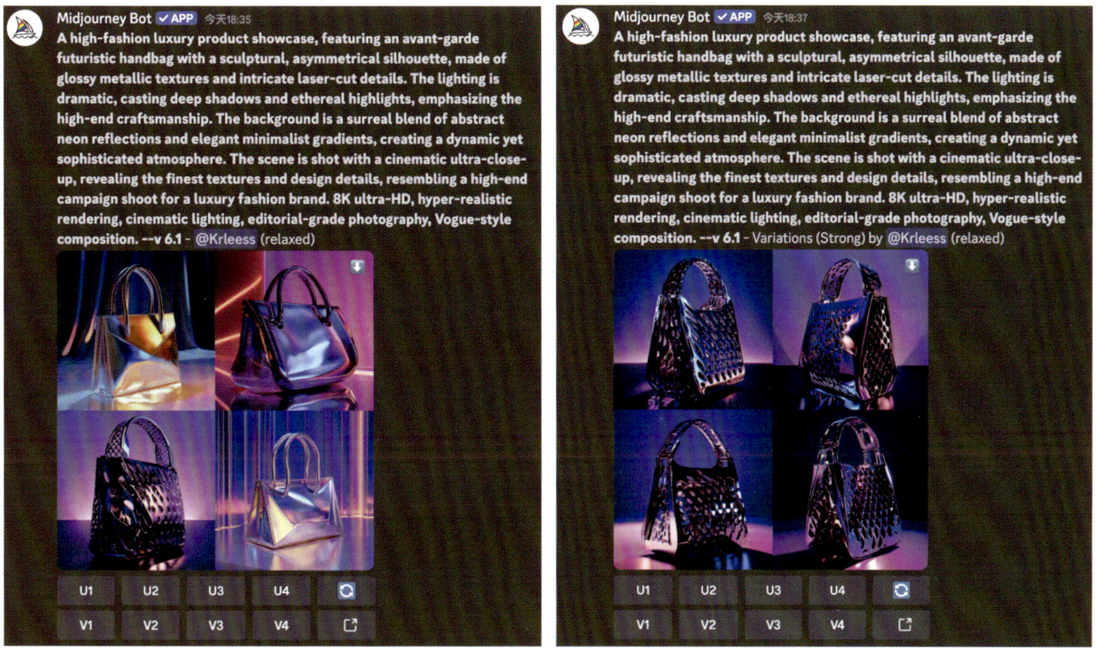

图1-1-11 通过点击V3按钮，生成相似图像

Reroll（重新生成） 当结果与预期有差距时，可点击“逆时针箭头”按钮，请求模型重新生成（图1-1-12）。

在多次迭代与调优后，用户可下载最终满意的高分辨率图像用于设计项目中。

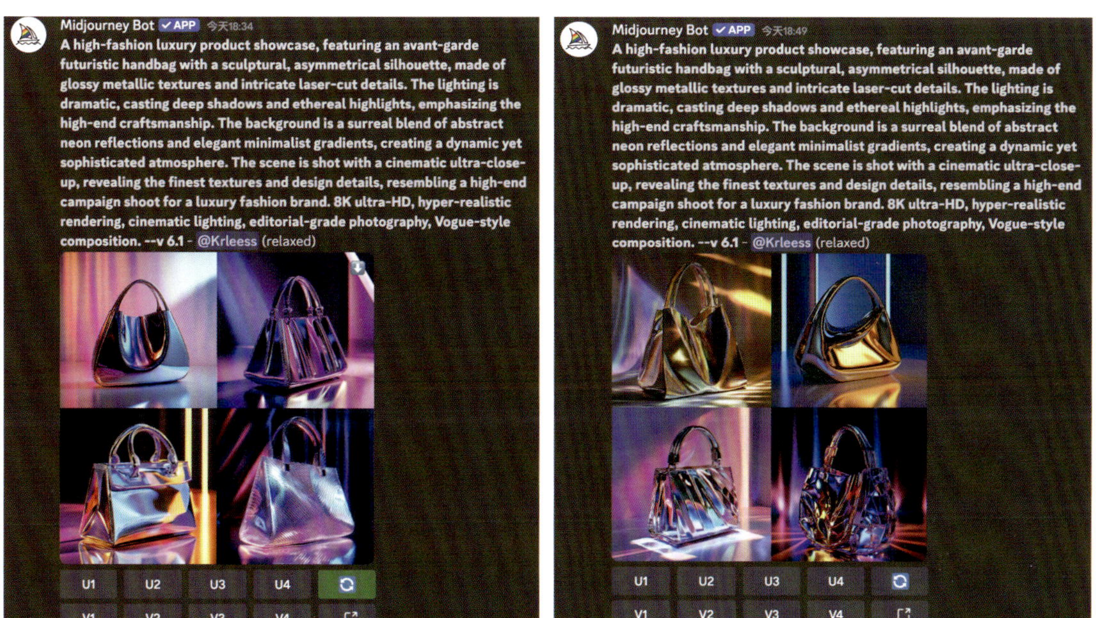

图1-1-12 通过点击“逆时针箭头”按钮，重新生成图像

第二节 参数调优与控制

参数（Parameters）是Midjourney指令的扩展配置，用于深度控制图像的风格化强度、细节层次、构图比例、随机性和处理版本选择。通过精确操控参数，设计师得以在满足创意构思的基础上，使输出更加贴近行业标准与设计规范。

一、长宽比与分辨率

Aspect Ratio（--ar） 设定生成图像的宽高比例，如--ar 16:9或--ar 1:1。

在设计实践中，不同长宽比直接影响构图关系。16：9适于场景叙事和横向构图，1：1有利于专注主体的均衡表达。对于产品设计、海报创作与UI概念图，合理选择长宽比可为后续版面设计提供更契合的画面基础（图1-2-1、图1-2-2）。

提示词生成案例 1

A Renaissance portrait of a noblewoman, wearing a richly detailed velvet gown, soft lighting illuminating her face, intricate lace collar, gentle folds of fabric flowing naturally, oil painting style with a warm, golden palette, classic chiaroscuro lighting highlighting her features, realistic textures, atmospheric background with classical architecture --ar 16 : 9 --v 6.1 --stylize 800 --chaos 40.

文艺复兴时期的一幅贵妇肖像，穿着一件细节丰富的天鹅绒礼服，柔和的灯光照亮了她的脸，精致的蕾丝领，柔和的布料褶皱自然流畅，带有温暖的金色调色板的油画风格，经典的明暗对比灯光突出了她的特征，逼真的纹理，古典建筑的大气背景。

图 1-2-1 --ar案例 1

Quality（--quality或-q）决定生成过程对细节打磨的程度，值越高，AI花费的计算量与时间越长，但图像细腻度与纹理表现更佳。如--quality 2比默认更精致，适用于追求精细材质、复杂形态的高级设计图。

提示词生成案例 2

An intricately detailed ornate gold-framed mirror in a luxurious hallway, soft light reflections, ultra-realistic textures --quality 2 --v 6.1--stylize 750 --ar 1 : 1.

图 1-2-2 --ar案例 2

豪华走廊上精致华丽的金框镜子，柔和的光线反射，超现实的纹理 --quality 2 --v 6.1--stylize 750 --ar 1 : 1（图1-2-3）。

图1-2-3 --quality案例

二、风格与创意度

Stylize（--stylize或-s） 定义模型对艺术化特征的偏好程度。较高的Stylize值（如--stylize 1000）将生成更具艺术表现力、笔触感与色彩张力的图像；较低的值则更写实，更接近摄影级还原。

图1-2-4 --stylize案例1

提示词生成案例 3

A futuristic fashion runway in a baroque-inspired palace, extravagant LED lights, surreal color palette, bold silhouettes --stylize 1000 --v6--q2.

巴洛克风格宫殿中的未来时尚T台、奢华的LED灯、超现实的调色板、大胆的轮廓--stylize 1000 --v6--q2（图1-2-4）。

在工业设计与建筑可视化中，偏低的Stylize值有助于表现形体与材质的真实属性；而在概念艺术或时装趋势图中，高Stylize值则能激发非凡的美学冲击力。

这个参数用于控制图像的艺术表现力，影响图像的风格化程度。值越高，图像表现得越具艺术感，色彩更加鲜明，线条更为夸张。

低值：较为写实的风格，接近摄影。

高值：更加艺术化，线条与色彩富有冲击力，像是油画或手绘风格。

比如生成一个富有艺术感的文艺复兴风格人物肖像，要求细腻的光影与柔和的色彩搭配。

提示词生成案例 4

A renaissance-style self-portrait with delicate light and shadow play, soft colors blending seamlessly, the figure with soft drapery around the shoulders, reminiscent of Leonardo da Vinci's painting techniques --ar 4 : 5 --stylize 1000 --v 6.1 --q 2.

一幅文艺复兴风格的自画像，有精致的光影效果，柔和的色彩无缝融合，肩膀周围有柔软的布料，让人想起达芬奇的绘画技巧（图1-2-5）。

图1-2-5 --stylize案例2

Chaos（--chaos） 该参数控制图像生成中的随机性。较高的值会使图像包含更多不可预见的元素，增加创意自由度，适用于探索非传统风格或极具突破性的设计。

低值：生成的图像较为规范和一致，符合传统设计。

高值：图像呈现出不确定性与创新元素，充满活力和意外的美感。

比如生成一个充满创意混乱的现代抽象艺术作品，颜色与形状充满未知感。

图1-2-6 --stylize案例1

生成一幅现代抽象艺术作品，颜色和形状充满不确定感，大胆的笔触与意外的形状形成动感的构图 --ar 1：1 --chaos 75 --v 6.1（图1-2-6）。

提示词生成案例 5

A modern abstract art piece with chaotic splashes of color, bold strokes, and unexpected shapes forming a dynamic composition --ar 1 : 1 --chaos 75 --v 6.1.

图1-2-7 --chaos案例2

将提示词中的“chaos 75”改为“chaos 5”，如下：

生成一幅现代抽象艺术作品，颜色和形状充满不确定感，大胆的笔触与意外的形状形成动感的构图 --ar 1：1 --chaos 5 --v 5（图1-2-7）。

提示词生成案例 6

A modern abstract art piece with chaotic splashes of color, bold strokes, and unexpected shapes forming a dynamic composition --ar 1 : 1 --chaos 5 --v 6.1.

三、模型版本与迭代控制

Version（--v） Midjourney会不断迭代和更新底层模型结构与训练数据。通过指定版本参数（如--v 5、--v 6或--v 6.1），用户可确保输出特征一致性或利用最新模型的优势（如更准确的人体比例、精细的纹理呈现或改进的色彩平衡）。

Uplight / Beta / Test Models 部分测试版本或轻量模型可在特殊情况下使用，以实现更快的迭代或在高负载时维持生成效率。选择合适的版本策略是高阶用户进一步精细化生成策略的体现。

第三节 提示词优化与语言构建

在参数为生成建立技术框架的同时，提示词（Prompt）则为图像注入鲜明的语义内核。编写高质量的提示词不仅能准确表达设计师的审美意图，还能体现功能诉求与概念特质，是将抽象创意与AI算法对接的关键环节。

一、关键词选择与精确描述

优化提示词的第一步是用词精准。避免使用“beautiful”“nice”“interesting”等笼统词汇，因为它们对AI模型的指导意义模糊，容易产生泛泛图像。取而代之，应选用具有强烈可视化特征的词汇。例如，将“metallic shine”细化为“translucent opalescent sheen”（半透明乳白光泽），或将“ornament”深化为“intricate baroque filigree”（复杂的巴洛克式镂花装饰）。

二、语序与信息层次

要让AI对提示词“听得明白”，推荐分层构建语序，从核心主体逐步扩展到细节要素。具体流程可以分为三层：

主体与结构：首先明确最重要的对象及其姿态，例如“a minimalist asymmetrical armchair”（一个极简主义的不对称扶手椅）。

材质与环境：接着加入主要材质、表面处理和使用场景，例如“upholstered in woven charcoal wool, set against a polished concrete backdrop”（编织炭灰色羊毛面料，背景为抛光混凝土墙面）。

光影与配色：最后补充灯光条件、色彩气氛和风格参照，例如“illuminated by soft side lighting, emphasizing texture depth, with a muted earth-tone palette inspired by Scandinavian design”（侧面柔光照射，强调纹理深度，采用受斯堪的纳维亚设计启发的低饱和大地色调）。

主体描述："a contemporary armchair（现代扶手椅）（图1-3-1）。

提示词生成案例 1

A contemporary armchair.

一把现代扶手椅。

图1-3-1 现代扶手椅

环境与材质：加上"upholstered in textured wool fabric"（用纹理羊毛织物装饰）（图1-3-2）。

提示词生成案例 2

A contemporary armchair, upholstered in textured wool fabric.

一把现代扶手椅，用纹理羊毛织物装饰。

图1-3-2 加入环境与材质的现代扶手椅

光影氛围："illuminated by soft, diffused ambient light"（被柔和的漫射环境光照亮）（图1-3-3）。

通过这一循序渐进的结构化描述，模型能更清晰地理解信息层次，从而生成更加契合设计初衷的图像。

图 1–3–3 加入光影氛围的现代扶手椅

三、否定与约束提示

为排除不需要的元素或风格特征，可使用否定提示（如：“no people”，“without any vehicles”）。这种约束式语言有助于精确控制场景内的要素，特别在产品渲染或室内空间可视化中，避免与品牌定位不符的元素干扰。

四、参考样式与外部标注

在提示词中加入特定艺术家、设计风格或历史流派的名称（如“in the style of Bauhaus”或“evoking the aesthetic of Zaha Hadid's architecture”）有助于Midjourney在生成中提取特定艺术语汇，从而实现快速的风格聚合与转化。

提示词生成案例 3

A contemporary asymme trical armchair, upholstered in textured wool fabric, illuminated by soft, diffused ambient light, inspired by mid-century modern aesthetics, evoking the aesthetic of Zaha Hadid's architecture --v 6.1 --c 80 --s 800 .

当代不对称扶手椅，用纹理羊毛织物装饰，被柔和漫射的环境光照亮，灵感来自20世纪中叶的现代美学，唤起扎哈·哈迪德建筑的美学--v 6.1 --c 80 --s 800（图1-3-4）。

图1-3-4 参考样式与外部标注案例

第四节 综合案例分析（Case Study）

提示词生成案例 4

A luxurious contemporary lounge chair with asymmetrical contours, upholstered in soft velvet with a subtle sheen, supported by slender brushed brass legs. Soft, diffused daylight filtering through a nearby window, casting gentle shadows. Minimalist, warm-toned interior environment. --ar 4:3 --stylize 750 --quality 2.

一把豪华的现代休闲椅，柔软的天鹅绒装饰，微妙的光泽，由细长的拉丝黄铜腿支撑。柔和的漫射日光透过附近的窗户，投射出柔和的阴影。极简主义、暖色调的室内环境 --ar 4:3 --stylize 750 --quality 2（图1-4-1）。

案例：高端家具设计概念图

一把豪华的现代休闲椅，柔软的天鹅绒装饰，微妙的光泽，由细长的拉丝黄铜腿支撑。柔和的漫射日光透过附近的窗户，投射出柔和的阴影。极简主义、暖色调的室内环境（图1-4-1）。

分析如下：

主体清晰："lounge chair"具备明确的目标对象。

精准材质描述："soft velvet""brushed brass legs"让模型明晰材质质感与细节层次。

氛围强调："soft, diffused daylight"确保灯光条件下的氛围柔和典雅。

风格与参数控制："--stylize 750"赋予适度艺术特征，"--quality 2"提供更精细的纹理表现，"--ar 4 : 3"构建经典室内展示长宽比例。

通过上述指令与参数组合，最终生成的图像不仅能满足专业设计场景中对材质、比例与风格的严格要求，还能体现出浓郁的美学特质，使AI生成图像在真实感与创造力之间取得平衡。

图1-4-1 综合案例分析

第五节 指令参数：指令汇总表（表1-5-1）

表1-5-1 指令参数：从初学者到精通（指令汇总表）

指令 / 参数	功能与用途	常见用法 / 示例	核心参数 / 属性	使用场景 / 备注
/imagine	生成图像的核心指令，通过“提示词”向模型输入创意或需求。	示例：/imagine prompt: a serene lakeside with misty mountains in the background	- prompt：图像描述（必填） - --seed：随机种子（可选） - --ar: 长宽比	- 最常用的生成指令，对提示词描述的精准度要求较高。 - 自然语言描述越充分，AI对意图的把握越准确。 - 可在提示词中结合材质、风格、光影等多元素信息。
/blend	将两张或多张已上传图像进行风格或内容混合，生成新图像。	示例：/blend image1：<url1> image2：<url2>也可在后面加入Prompt：/blend image1：… image2：… prompt: neon style	- image1, image2：图像链接 - 可选提示词：文字描述	- 用于将现有素材进行二次创作或实现风格混搭。 - 适合在品牌升级、产品衍生设计等场景中快速产生新灵感。 - 混合时要注意颜色、构图冲突，必要时可多次迭代或再利用Upscale与Variations微调。
/describe	分析上传图像，返回Midjourney识别出的文字描述和关键词，辅助优化提示词。	示例：/describe <你上传的图像>	- 无主要参数 - 结果通常是一系列可复制到/imagine的提示词	- 适合逆向解析已完成作品的风格要素或提取关键语义，帮助快速编写新提示词。 - 在需要模仿某一图像风格、排版或配色时，可先/describe再结合自己的设计意图微调文字描述。
Upscale（放大）	将生成的预览图或变体放大，增强分辨率与细节表现。	操作场景：在Midjourney输出的图像卡片中点击“U1”“U2”“U3”“U4”相应按钮	- 不同Upscale模式在细节处理、锐化、保留纹理等方面略有差异 - 通常与“变体生成”搭配使用	- 在需要高分辨率输出的场景（如海报印刷、产品包装视觉、展示板等）时极为重要。 - 可在Upscale后再次执行“细节放大”或其他测试版本的Upscale来比较纹理与边缘锐利度。
Variations（变体生成）	基于当前预览图像生成多张略有差异的图像，用于微调与扩展创意。	操作场景：在Midjourney输出的图像卡片中点击“V1”“V2”“V3”“V4”相应按钮	- 与原提示词及参数保持一致 - 仅在局部细节、色彩或构图上作小幅改动	- 当对初次生成的图比较满意，但还想在造型、色彩等做些小变化时，可快速批量尝试。 - 常用在前期概念探索环节，帮助设计师做多重对比并优选最贴近需求的方案。
Reroll（重新生成）	当初次结果偏离需求或不满意时，请求模型根据相同提示词重新生成全新结果。	操作场景：在图像卡片里点击“\u27f3”（或“Reroll”）按钮	- 使用同一提示词 - 生成的结果可能与初次相差较大	- 若多次Reroll仍无法满足需求，需审视或修改提示词本身（如添加/删减关键词、调整语序）。 - 也可与Seed参数相结合，减少或增加随机性。
--ar（Aspect Ratio）	设定图像的长宽比，影响构图与空间感。	示例：/imagine prompt: ... --ar 16 : 9	- 常用如：--ar 16 : 9、--ar 1 : 1、--ar 4 : 3等	- 不同长宽比会显著改变画面视觉重心与布局方式，需根据实际需求（横幅广告、手机界面、海报等）选择。 - 室内或建筑渲染常用16:9展现横向空间；产品包装或社交媒体贴图常用1:1以便于多平台适配。

指令 / 参数	功能与用途	常见用法 / 示例	核心参数 / 属性	使用场景 / 备注
--quality（-q）	控制对细节与渲染的投入度，越高则图像越精致，但生成时间也更长。	示例：/imagine prompt: ... --quality 2	- 默认质量为1 - 可调0.5、2、5等值（具体上限随系统更新而变）	- 对需高精度、高复杂度的设计场景（如金属质感、纹理表现）特别有用。 - 提升质量会增加渲染耗时与计算负荷，应结合项目时效要求进行平衡。
--stylize（-s）	决定风格化程度：数值越高越偏向艺术化、抽象化，越低则更趋向写实。	示例：/imagine prompt: ... --stylize 1000	- 取值范围0~1000甚至更高，数值越大AI自由度越高	- 适合概念艺术、插画、场景原画等。 - 若想做写实效果（如产品设计渲染），保持--stylize较低以免过于“艺术化”。
--chaos	引入随机性与意外创意的参数，数值越高越不拘泥于常规认知，图像差异度更大。	示例：/imagine prompt: ... --chaos 30	- 默认Chaos较小 - 通常与Stylize或Seed搭配使用	- 头脑风暴或尝试打破常规时可提高Chaos值，让AI自由发挥更多异想天开的构图与元素。 - 若后期需要提高可控度或一致性，则可降低Chaos或指定Seed。
--v（Version）	指定Midjourney模型版本，不同版本在人体、光影、面部、纹理等处理上略有差异。	示例：/imagine prompt: ... --v 6.1	- 主流版本如：v4、v5、v5.1、v5.2等 - 偶尔有Test / Beta / Niji等独立分支	- 根据项目需求选择版本：某些版本在角色细节方面处理更佳，某些版本在景观渲染或艺术风格表现更佳。 - 可多次对比同提示词在不同版本的输出结果，以便挑选最理想的渲染风格与稳定度。
--seed	固定随机数种子，使同一提示词的重复生成保持高一致性，方便复现与团队协作。	示例：/imagine prompt: ... --seed 12345	- 数值越固定，图像构图越稳定 - 不指定Seed则每次结果都可能不尽相同	- 当需要在多轮迭代或团队多人协作中保持构图一致时尤为有用。 - Seed并非完全消除随机性，仍会有局部差异；但整体结构、色彩倾向和布局会保持相似。
--repeat	用于重复生成相同或相似的图像。可以帮助设计师生成多个版本的图像。	示例：/imagine prompt: futuristic city --repeat 3（重复生成3次相似场景）	- --repeat<次数>（如1、2、3）	适用于需要生成多个相似图像进行对比或选择时。最多支持5次重复。
--stop	允许在生成过程中停止图像生成，适用于中断当前生成或缩短生成时间。	示例：/imagine prompt: portrait of a cat, stop at 50%（中途停止在50%进度处）	- --stop <百分比>（0–100）	用于精细化控制生成流程，数值范围表示停止生成的进度，0为完全停止，100为完整生成。
--no	用于排除生成图像中不希望出现的元素，提供“负提示”控制。	示例：/imagine prompt: a bright cityscape, no people, no cars（生成无人的城市风光）	- --no <元素>（如“people”“text”）	排除特定元素（如“no text”“no trees”）适合产品渲染或简洁设计时使用。
--tile	使生成的图像可以无缝平铺，适用于纹理贴图和背景设计。	示例：/imagine prompt: floral pattern --tile --v 5	- --tile	适用于创建无缝背景、纹理贴图、壁纸图案等。
--weird	在生成图像时引入不规则或“怪异”元素，使作品更具奇特感。	示例：/imagine prompt: abstract watercolor landscape --weird 50	- --weird <数值>（0–100）	数值越大，图像的“怪异感”越强，适合进行前卫艺术或极富创意的作品创作。
Vary（Region）	在图像生成过程中，仅对选定区域进行变化，调整特定部分而不影响整体构图。	示例：选择图像后点击Vary（Region）→调整图像中的某一部分（如天空、地面、人物）	Vary（Region）	适用于细节调整和局部变化，保持整体一致的情况下修改某些区域。

续表

指令 / 参数	功能与用途	常见用法 / 示例	核心参数 / 属性	使用场景 / 备注
Vary（Strong）	对选定图像进行强烈的变体，图像的风格或构图变化较大。	示例：选择生成图像后点击Vary（Strong）→生成明显不同于原图的变体	Vary（Strong）	适合需要探索大幅变化的场景或创意的用户，适度调整生成风格。
Vary（Subtle）	对选定图像进行微调，产生细微的变化，保持整体风格一致。	示例：选择生成图像后点击Vary（Subtle）→生成细节上有小幅度调整的变体	Vary（Subtle）	适合对现有图像满意但需要微调细节的设计师。
Zoom out 2x	将图像“拉远”2倍，扩大视野，保留中心元素，增加更多背景或周围内容。	示例：选择图像后点击Zoom out 2x → 增加更多背景内容，扩大整体视野	Zoom out 2x	适用于扩展构图，增加背景或环境细节，适合设计场景扩展。
upscale subtle	提升图像分辨率和细节，适合精细增强，保持整体自然感	--upscale subtle	upscale subtle	适用于需要细节增强但不改变图像风格的场景，保持图像的自然感和一致性。
upscale creative	具有创造性地提升图像的分辨率和细节，增加艺术效果和创意调整	--upscale creative	upscale creative	适用于需要提升分辨率并同时加入创意艺术效果的场景，图像细节更具冲击力和视觉吸引力。
Zoom out 1.5x	将图像“拉远”1.5倍，适度增加视野，背景细节增多但整体构图变化较小。	示例：选择图像后点击Zoom out 1.5x → 扩展图像背景，保持主体不变	Zoom out 1.5x	相比2x，适度扩展视野，适合不想大幅改变构图的情况。
Custom Zoom	自定义放大或缩小比例，根据设计需求调整视野范围。	示例：选择图像后点击Custom Zoom→输入比例数值（如1.2x，2.3x）进行自定义缩放	Custom Zoom<倍数>（如1.1x－3x）	提供更加灵活的缩放能力，适合精细调整设计或背景拓展。
Make Square	将图像裁剪为正方形比例，常用于社交媒体或需要1:1比例的设计作品。	示例：选择图像后点击Make Square→将长方形图像裁剪为正方形	Make Square	用于需要1:1构图比例的社交平台或展示平台，确保输出图像适配社交媒体展示要求。

命令组合：读者可在同一条指令中同时使用多个参数，如：contemporary armchair，upholstered in textured wool fabric，illuminated by soft, diffused ambient light，inspired by mid-century modern aesthetics. --v 6.1 --c 80 --s 1000 --q 2 --ar 1 : 1（现代扶手椅，用纹理羊毛织物装饰，被柔和的漫射环境光照亮，灵感来自20世纪中叶的现代美学）（图1-5-1、图1-5-2）。

通过灵活组合参数，能在风格化程度、随机性、分辨率乃至版本间取得最佳平衡。建议读者多尝试少记死，创作需求多变，阅读完本章后宜通过实际Prompt输入不断实验，逐步习惯每项参数对画面呈现的影响。

图1-5-1 命令组合1

在本章中，我们对Midjourney从基础指令结构与界面操作开始，逐渐深入探讨参数调控与提示词优化的系统方法。如何在Discord环境中正确输入并调用Midjourney指令；不同参数（Aspect Ratio、Quality、Stylize、Chaos、Version）对图像生成特性的深度影响；利用精确语言描述、分层结构化提示词、否定式约束与风格参考等手段，增强生成图像的语义清晰度与美学表现力。在后续章节中，我们将进一步探讨材质表现、空间结构、光影色彩与艺术风格迁移等高阶议题。通过持续深入学习与实践，读者将有能力在设计活动中娴熟运用Midjourney，将抽象创意转化为具有卓越品质与审美价值的视觉图像，迈向AI设计大师的殿堂。

图1-5-2 命令组合2

第二章
材质纹理

Midjourney在生成材质纹理方面表现出色，能够精准地识别并呈现出各种材质的特性和美感，这得益于对材质关键词的精准识别以及参数指令的精细操控。从艺术设计的视角审视，材质在Midjourney的生成语境中，被赋予了新的生命，它不仅是材料质地与纹理的直观展现，更是这些元素背后深远意义的载体。我们的物质宇宙经由Midjourney的笔触，被细腻地构建为各式材料的集合体，每一种材料都承载着不断扩展与深化的内涵，成为我们思想情感的视觉代言。材质在Midjourney的生成逻辑中，作为材料物理特性的直接映射，是材料本质属性的忠实再现。它不仅仅是对材料表面状态的忠实描绘，也是通过视觉的细腻捕捉与触觉的微妙联想，共同编织出对材料质感的全方位感知。因此，在Midjourney的创作流程中，材料的构成元素、内部构造以及加工技艺等关键要素，均被赋予了极高的重视，它们作为影响材质最终呈现效果的决定性因素，被精准地调控与优化，以确保每一份材质都能准确传达其独特的美学价值与设计意图。

第一节 材质的基础表现

在数字艺术与设计领域，材质的真实表现是构建视觉沉浸感的核心要素之一。Midjourney作为先进的AI图像生成工具，通过算法对多种基础材质进行高度仿真模拟，赋予作品丰富的层次和质感。其材质系统可大致分为六大类：金属材质的光泽与反射特性、木质材质的天然纹理与温润触感、流体材质的动态流动与透明折射、砖石材质的粗粝坚固与历史沉淀感、织物材质的柔软褶皱与纤维细节，以及涵盖玻璃、塑料等特性的其他材质。

这些材质的表现在Midjourney中不仅依赖色彩与明暗，更通过微观纹理、光影互动和物理特性（如粗糙度、透明度）实现差异化。掌握这些材质的表现逻辑，能帮助创作者更精准地通过文本提示词（Prompt）操控图像输出，实现从超现实幻想到高度写实风格的多维表达。未来，随着AI对物理引擎的融合深化，材质的动态交互（如破损、形变）或将成为迭代方向，进一步拓展数字艺术的边界。

一、金属材质

金属物体表面密度大，透光性弱，反射力强，对光源极为敏感。因此在光线的照射下，金属质感的物体往往明暗对比较为强烈，具有较明显的反射。可根据具体情况与需求描述主体材质的质感与光照效果。值得注意的是金属材质的本体拥有其固有的原始色彩，这主要源于其化学成分和微观结构，这些原始色彩是金属的自然属性，但经过各种着色处理加工后，可以展现出多样的色彩效果。

名称：铁（iron）、合金钢（alloy steel）、铜（copper）、黄铜（brass）、青铜（bronze）、紫铜（purple copper）、铝合金（aluminium alloy）、黄金（gold）、白金（platinum）、白银（silver）、钛金属（titanium metal）、铬金属（chromium metal）、钴金属（cobalt metal）、镍金属（nickel metal）、锡金属（tin metal）、锌金属（zinc metal）、铋金属（bismuth metal）、铅金属（lead metal）。

质感：辐射电镀钢铁质感（radiant steel-plated texture）、磨砂颗粒质感（frosted grain texture）、光滑的拉丝质感（smooth brushed texture）、圆形拉丝质感（round brushed texture）、细腻质感（delicate texture）、锈蚀质感（rust texture）。

色彩：科幻色彩（sci-fi colors）、玫瑰金色（rose gold）、青铜绿锈（patina bronze）、白金色（white gold）、彩虹色（iridescence）、渐变金属色（gradual metallic color）、珠光金属色（pearlescent metallic color）、镭射金属色（laser metallic color）、荧光金属色（fluorescent metallic color）。

光泽：冷光色彩效果（cold light color effect）、发光彩色效果（luminescent chromatic effects）、彩虹色光（rainbow colored light）、渐变光泽（gradient shine）、金属光泽（metallic luster）、镜面抛光（mirror finish）、哑光效果（matte finish）、发光的金属光泽（sparkling metal）、绸缎般的金属表面（satin-finish metal）、哑光金属光泽（matte - metallic sheen）、油彩炫光金属（oil-slick metal）、反射城市灯光的金属面（metallic surface reflecting city lights）、霓虹光照射的钛金属（neon-lit titanium）。

感受：温暖舒适（warm and cozy）、重量感（sense of weight）、坚实感（solid feeling）、古朴（simple and unsophisticated）、复古感（retro feeling）、高贵典雅（nobel and elegant）、经典（classic）。

图2-1-1 合金钢材质

提示词生成案例 1

Vintage sports car design, classic curved body, using alloy steel and leather interior, round headlights and wide grille, equipped with high-performance engine, emphasizing speed and driving pleasure, The overall atmosphere is peaceful and natural, with realistic lighting highlighting the details of the car, Radiant Steel-plated texture, the scenic surroundings realistic photography, hyper realistic, Realistic lense flare, --ar 16 : 9 --s 250 --style raw --v 6.1.

复古跑车设计，经典弧形车身，采用合金钢和真皮内饰，圆形大灯和宽格栅，配备高性能发动机，强调速度和驾驶乐趣，整体氛围平和自然，逼真的灯光突出汽车细节，光芒四射的钢板质感，周围逼真的风景摄影，超逼真，逼真的镜头眩光，-- ar 16 : 9 -- s 250 --style raw --v 6.1（图2-1-1）。

图2-1-2 铋金属材质

提示词生成案例 2

A ring made of bismuth metal with a curved design that can reflect rainbow colored light when illuminated by light -- s 750.

一枚由铋金属制成的戒指，带有弯曲的设计，在光线照射下可以反射彩虹色的光 -- s 750（图2-1-2）。

提示词生成案例 3

Portrait of rabbit, made of platinum and copper, delicate materials, ethereal and dreamy, luminous, Lavender and Pale Gold, reflective armor, intricate details and advanced technology, smooth brushed texture, Cold light color effect, the background is a beige gradient, octane render, unreal engine 5, volumetric lighting, diffuse lighting, 8k, hyper-detailed, HDR --v 6.0 --s 250.

兔子的肖像，由白金和铜制成，精致的材料，空灵而梦幻，发光，淡紫色和淡金色，反光盔甲，错综复杂的细节和先进的技术，光滑的拉丝纹理，冷光颜色效果，背景是米色渐变，辛烷渲染，虚幻引擎5，体积照明，漫射照明，8k，超详细，HDR -- v 6.0 --s 250（图2-1-3）。

图2-1-3 白金、铜材质

二、木质材质

木质材质以其温暖而自然的质感著称，常被用于制作家具、地板以及户外应用如木质门窗、园艺构建、木栈道等材料。木质材质有一种慢反射效果，在光照情况下不会有很强烈的反光效果，但是现在大部分的木质家具会上一层油，让木质表面变得光滑，所以有些木质物件也是一种强反射，木质质感重点就在于木头身上的年轮，一圈一圈的，走势是不规则的，具有随机性，代表木头本身的自然属性。Midjourney生成的木质纹理能够很好地模拟这种自然质感，即捕捉到木质材料表面的细微纹理和色彩变化，从而生成出与真实木质材料极为相似的图像。

纹理：松木纹理（pine texture）、桤木纹理（alder texture）、栗木纹理（chestnut texture）、橡木纹理（oak texture）、橡胶木纹理（rubber wood texture）、胡桃木纹理（walnut texture）、枫木纹理（maple texture）、桦木纹理（birch texture）、乌木纹理（ebony texture）、香樟木纹理（cinnamomum camphora texture）、榆木纹理（elm texture）。

质感：优质（premium）、抛光质感（polished texture）、法式抛光（french polish）高光饰面（high-gloss finish）漆面（lacquered surface）、表面粗糙（surface asperities）、天然木纹（the natural wood grain）、仿旧木材（aged-looking wood）、结霜木材（frosted wood）、超现实木质纹理（hyper-Realistic Wood Texture）、高细节木纹（highly detailed wood grain）、天然蜡质饰面（natural waxed finish）、缎面效果（satin finish）、树脂涂层（resin-coated）、钢琴烤漆效果（piano black wood）、清漆木材（varnished wood）、聚氨酯涂层（polyurethane coating）。

细节：直纹（straight grain）、交错纹（interlocked grain）、水波纹（water ripple）、虎皮纹（tiger skin pattern）、树杈纹（branching pattern）、抛物线花纹（parabolic patterns）、卷曲纹理木材（curly-grained wood）、粗纹理木材（coarse-grained wood）、细纹理木材（ine-grained wood）、多孔纹理木材（porous-textured wood）、交错木纹（interlocked wood grain）、带树结和裂纹的木材（wood with Knots and Cracks）、带有铜绿的老化木材（aged wood with patina）、螺旋状木纹理（spiraled wood grain）、羽状木纹理（feathered wood grain）、天鹅绒般的木质质地（velvety wood texture）、卵石状木质质地（pebbled wood texture）。

光泽：自然光泽（natural glow）、油亮（oily and shiny）、柔润光泽（soft and glossy）、光滑（smooth）、打蜡（waxed）、未经处理的原木（raw wood）、精细打磨（finely sanded）、哑光处理（matte finished）、虹彩木质（iridescent wood）、柔和的木质微光（subtle wood glow）、虹彩般的木质光泽（iridescent wood shine）、半光木质（Semi-gloss wood）、反光木面（reflective wood surface）、高光点（specular highlights）、环氧树脂光泽（epoxy gloss）。

情感和氛围：自然温和（natural and gentle）、温馨舒适（warm and comfortable）、古雅庄严（quaint and solemn）、自然优雅（natural and elegant）、复古而陈旧（vintage and aged）、简单朴素（simple and plain）、仿古董的木质效果（antique-looking wooden elements）。

提示词生成案例 1

Chair, premium cinnamomum camphora polished texture, soft and gentle.

（优质樟树抛光质地，柔软温和）（图2-1-4 a）

Chair, premium alder wood polished texture.

（优质桤木抛光纹理）（图2-1-4 b）

Chair, premium birch polished texture, warm nature.

（优质桦木抛光纹理，温暖自然）（图2-1-4 c）

Chair, premium ebony polished texture, warm nature, quaint and solemn.

（优质乌木抛光纹理，温暖自然，古雅庄严）（图2-1-4 d）

图2-1-4 木质材质座椅

图2-1-5 松木材质

提示词生成案例 2

A huge teapot airship made of pine wood, The surface of the wood with parabolic patterns, the natural wood grain with natural glow, the bottom part is like riding carrousel and has horses running around it, there are some boys sitting in the center, bubbles coming out form tea pot, light blue background, Warm and comfortable, cinematic lighting, art deco --v 6.1 .

一个由松木制成的巨大茶壶飞艇，木材表面带有抛物线图案，天然木纹带有自然光泽，底部像骑着旋转木马，有马绕着它跑，有一些男孩坐在中间，泡沫从茶壶中冒出来，浅蓝色背景，温暖舒适，电影灯光，艺术装饰--v 6.1（图2-1-5）。

三、流体材质

Midjourney在生成流体材质图像时具有很高的表现力和真实感，主要体现在流动性与动态效果、透明与反射特性、色彩与光泽变化、材质融合与对比以及细节处理与真实感等方面。这些特性将影响在Midjourney中输入关键词时的选择，其中流体材质的动态捕捉尤为重要，如描述流体动态特征的关键词以及流体的光照视觉效果。

名称：汽化液体（vaporized liquid）、铁磁流体（ferrofluids）、水泥（cement）、海浪（sea wave）、浆液（serum）、胶水（glue）、油（oil）、汽油（petrol）、瓷漆（enamel）、喷漆（spray paint）、乳胶漆（emulsion paint）、油性漆（oil-based paint）、磁流体（magneto-fluid）、烟雾（smoke）。

质感：全息质感（holographic texture）、smooth and fluid（光滑流畅）、轻盈飘逸（light and airy）、粘稠液体（sticky liquid）、稀薄液体（thin liquid）、清澈液体（clear liquid）、透明液体（transparent liquid）、反射液体（reflective liquid）、凝结液体（condensed liquid）、蒸发液体（evaporating liquid）、粗糙油漆质感（rough paint texture）。

动态：流动液体（flowing liquid）、飞溅液体（splash liquid）、滴落液体（dropping liquid）、湍流液体（turbulent liquid）、涡流液体（vortex liquid）、漩涡液体（vortex liquid）、波浪液体（wave liquid）、涟漪液体（ripple liquid）、沸腾液体（boiling liquid）、渗透液体（penetrating liquid）、水波环绕（surrounded by water waves）、静态运动（the static movement）、多色喷水（multicolored jets of water）、喷洒液体（spray liquid）、动态雕塑（dynamic sculpture）、闪烁液体（scintillation liquid）、冲击液体（impact liquid）、流体松散（fluid and loose）、充满活力（mesmerizing effect）。

光泽：波光粼粼（sparkling）、霓虹闪烁（glowing neon）、光滑闪亮（smooth and shiny）、晶莹剔透（glittering and translucent）、油腻光泽（greasy luster）、流体光泽（the fluid's glossy）、反射性（reflective nature）。

图2-1-6 水波流体

图2-1-7 乳胶漆流体

提示词生成案例 1

A beautiful, ethereal face made of clear, surrounded by water waves, dripping liquid, digital oil painting in the style of James Jean and Hajime Sorayama, with soft pastel colors. --ar 15 : 16 .

一张美丽、空灵的脸由清澈、水波环绕、滴落液体构成，James Jean和Hajime Sorayama风格的数字油画，柔和的色彩--ar 15 : 16（图2-1-6）。

提示词生成案例 2

A lively girl with dynamic pose, attractive visuals, mixed color latex paint surrounding girl, impact liquid, suspended around, vortex liquid, beauty, with flowers and still life, Soft colors, detailed, hyper realistic, rubber textur, hd, 8k, 3d --v 6.1 .

一个活泼的女孩与动态的姿势，有吸引力的画面，混合颜色的乳胶漆包围女孩，冲击液体，悬浮在周围，漩涡液体，美丽，有花和静物，柔和的颜色，详细，超现实，橡胶纹理，高清，8k，3d --v 6.1（图2-1-7）。

···➤ 提示词生成案例 3

Luxurious shampoo, still life picture, sea wave surrounded by water waves, scintillation liquid, sunshine, product promotion picture, 8K, high quality --niji 6 --ar 3 : 4 --s 150.

奢华香水，静物图片，水波环绕的海浪，闪烁液体，阳光，产品宣传图片，8K，高品质 --niji 6 --ar 3 : 4 --s 150（图2-1-8）。

图2-1-8 水波、海浪流体

图2-1-9 海浪流体

提示词生成案例 4

The number 5 made up of sea wave, Transparent and pure, Sparkling, Realistic effect .

海浪构成的数字5，通透纯净，波光粼粼，逼真效果（图2-1-9）。

图2-1-10 磁流体

提示词生成案例 5

Multicolored jets of magneto-fluid in the form of robot, vaporize liquid background, boil, realistic effect, extremely ultra-realistic photorealistic 3D, professional photography, natural lighting, volumetric lighting maximalist photo-illustration, 8K resolution detailed, --v 6.0.

磁流体的彩色喷流构成的机器人，蒸发液体背景，沸腾，逼真效果，极其超现实的真实感3D，专业摄影，自然照明，体积照明最大化照片插图，8K分辨率细节--v 6.0（图2-1-10）。

图2-1-11 烟雾

提示词生成案例 6

A portrait of a woman covered in smoke, soft rainbow colored lights shining on her face, coral makeup, faint crayons, mist, whirlwind, tempting, stuffy, suffocating, art, aesthetic modern art, surrealism, full body 2000 year photography, Petra Collins style -- style raw --s 50 --niji 6.

一个笼罩在烟雾中的女人的肖像，柔和的彩虹色灯光照在她的脸上，珊瑚妆，淡淡的蜡笔，薄雾，旋风，诱人，闷热，令人窒息，艺术，审美现代艺术，超现实主义，全身2000年摄影，佩特拉柯林斯风格-- style raw --s 50 --niji 6（图2-1-11）。

四、砖石材质

提示词需要准确描述砖石材质的特征，如砖石名称、质感、纹理细节、光泽、感受、环境与场景等，可以尝试将多个提示词组合使用，以创造更丰富的砖石材质效果。例如，“古老的砖墙”“岁月痕迹的裂纹”“梦幻般的砖石景观”等提示词，生成具有历史感和自然韵味的砖石图像，探索砖石材质在不同风格和情境下的表现。

名称：大理石（marble）、黑曜石（obsidian）、鹅卵石（cobblestone）、红宝石（ruby）、蓝宝石（sapphire）、天青石（celestite）、月光石（moonstone）、石榴石（garnet）、绿松石（turquoise）、橄榄石（olivine）、火山石（volcanic stone）、琥珀（amber）、玛瑙（agate）、玉石（jade）、水晶（crystal）、石灰岩（limestone）、泥岩（mudstone）、砂岩（sandstone）、熔岩（lava）、火山岩（volcanic rock）、花岗岩（granite）、石英岩（quartzite）、蛇纹岩（serpentinite）、墙砖（tile）、陶瓷砖（ceramic tile）、石板（flagstone）、石膏（gypsum）、工业混凝土（industrial concrete）。

质感：优质（premium）、自然质感（natural texture）、抛光质感（polished texture）、粗糙质感（rough texture）、斑驳质感（mottled texture）、荔枝面（flamed）、半透明砖石（translucent diamond）、复杂的层次感（complex sense of hierarchy）、凹凸不平（concave-convex）、细腻质感（delicate texture）。

纹理细节：无缝花纹（seamless pattern）、金色纹理（gold veins）、裂纹（crack）、规则线条（regular line）、自然斑点（natural spots）、颗粒感（granular sensation）、纹理密集（dense texture）、规则纹理（regular texture）、不规则纹理（irregular texture）、多孔表面（porous surface）、切割和雕刻的细节（cut and carved details）、火焰饰面（flamed finish）。

光泽：钻石光泽（diamond shine）、珍珠光泽（pearly luster）、哑光光泽（matte luster）、柔和釉面砖（soft glazed tile）、亮光釉面砖（bright glazed tile）、晶体光泽（crystal luster）、镜面效果（mirror effect）。

感受：沉稳厚重（calm and heavy）、天然质朴（natural simplicity）、温润感（warm feeling）、舒适感（comfortable sensation）、时代感（sense of the times）、生态性（ecology）、重量和稳固性（weight and solidity）、岁月痕迹（traces of age）、古老（ancient）、梦幻（dreamy）。

环境和场景：古代雕塑（ancient sculpture）、文化风格的建筑（cultural style architecture）、手工艺（craftsmanship）、艺术价值（artistic value）、室内装饰（indoor decoration）、户外景观（outdoor landscap）、公共艺术（public art）。

注：描述砖石材质时可以添加颜色词语和肌理效果。

提示词生成案例 1

Black and white serpentinite texture. 无缝黑色和白色蛇纹岩纹理（图2-1-12）。

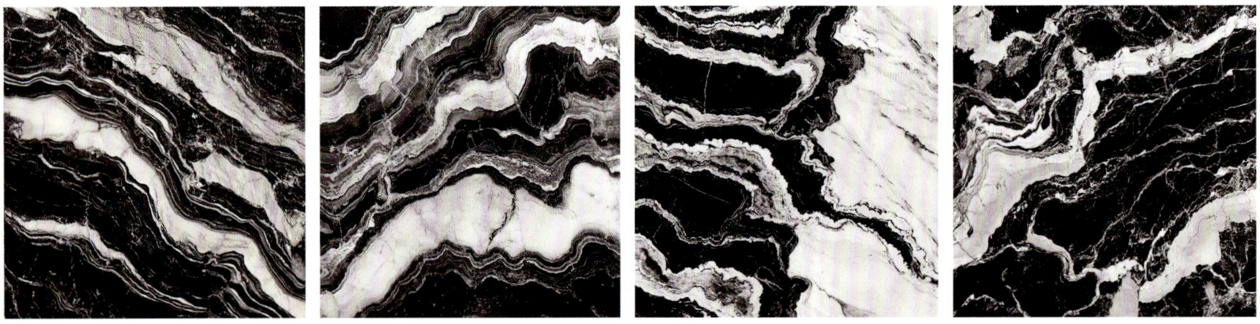

图2-1-12 蛇纹岩材质

提示词生成案例 2

Close up marble of green and yellow. 特写绿色和黄色大理石（图2-1-13）。

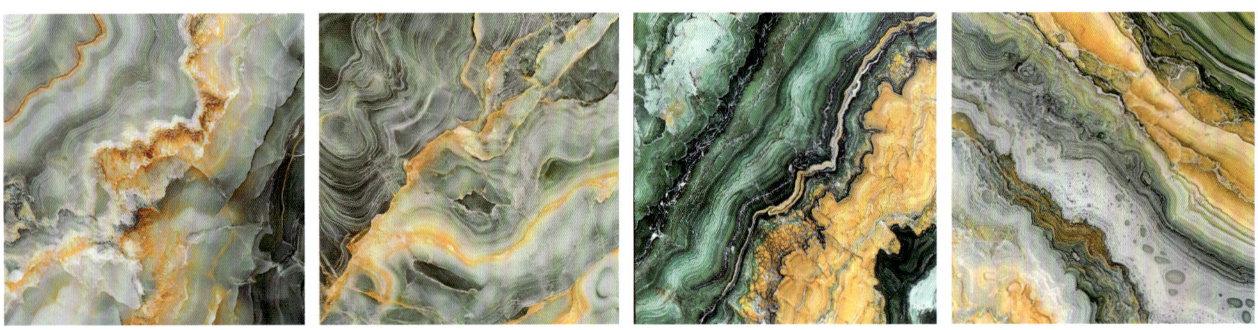

图2-1-13 大理石材质

提示词生成案例 3

Seamless pattern cracked light rose granite with gold veins. 无缝花纹浅玫瑰色花岗岩，带金色纹理（图2-1-14）。

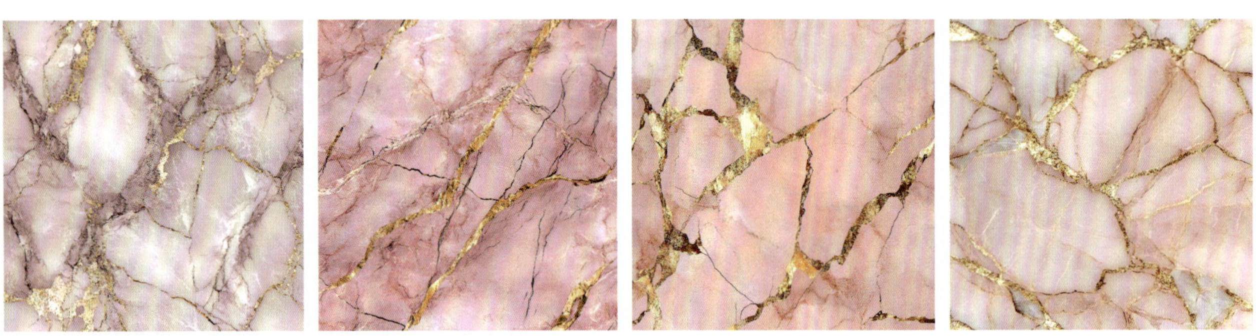

图2-1-14 花岗岩材质

图2-1-15 大理石材质

提示词生成案例 4

3d, NES console as a 60's toy robot, Marble texture, polished texture, multilayered repetition, three-dimensional distortion, 3D sculpture, moon, mountains, and starry sky scenes, sparkling night sky, creative, public art.

3d，NES控制台作为60年代的玩具机器人，大理石纹理，抛光质感，多层次重复，立体扭曲，3D雕塑，月亮、山川、星空场景，闪烁夜空，创意性，公共艺术（图2-1-15）。

图2-1-16 大理石材质

提示词生成案例 5

RAW photo, an award-winning National Geographic style HD photograph featuring an ornate wide blue ceramic tile texture, polished texture, hexagonal ornate balcony, soft glazed tile, screens with elaborate art designs of winter scenes, overlooking a forest covered in snow from above, dusk, sunlight shafts, ornate lanterns with snowflake and star designs, snowflakes float aimlessly, high-detailed.

一张屡获殊荣的国家地理风格高清照片，具有华丽的宽蓝色瓷砖纹理，抛光纹理，六边形华丽的阳台，柔软的琉璃瓦，具有冬季场景的精心艺术设计的屏幕，从上面俯瞰白雪覆盖的森林，黄昏，阳光轴，雪花和星星设计的华丽灯笼，雪花漫无目的地漂浮，高细节（图2-1-16）。

图2-1-17 瓷砖材质1

提示词生成案例 6

RAW photo, an award-winning National Geographic style HD photograph featuring an ornate large white marble and gold balcony extending from an open stone cave in a mountaintop at night with bright stars, comet, moonlight shafts, candles, snow mountains in the distance, captured on a Sony Alpha, This stunning image is rendered in insanely high resolution, realistic, 8k, HD, HDR .

这是一张屡获殊荣的国家地理风格高清照片，照片中的山顶开放式石洞中延伸出一个华丽的大型白色大理石和金色阳台，夜幕降临，星光璀璨，彗星闪烁，月光如水，烛光点点，远处雪山连绵，照片由索尼Alpha拍摄，这张令人惊叹的照片采用超高分辨率、逼真、8k、高清HDR渲染呈现（图2-1-17）。

图2-1-17 瓷砖材质2

提示词生成案例 7

An award-winning National Geographic style HD photograph featuring an ornate large dark teal granite texture with polished texture and peach ornate balcony with seashell accents, large screens with elaborate art designs of antique underwater scenes, overlooking a beautiful rocky cove with sparkling blue water from high above, midday, sunlight shafts, ornate bronze lanterns with aquatic and star designs, seaweed and coral grow from the walls, an ornate RAW photo with captured on a Sony Alpha.

一张屡获殊荣的国家地理风格的高清照片，具有抛光纹理的华丽的大型深青色花岗岩纹理和带有贝壳装饰的桃色华丽阳台，带有古董水下场景的精心艺术设计的大屏幕，从高处俯瞰美丽的岩石海湾，蓝色波光粼粼的水，正午，阳光轴，装饰华丽的带有水生和星形设计的青铜灯笼，海藻和珊瑚从墙上生长，一张用索尼Alpha拍摄的华丽原始照片（图2-1-18）。

图2-1-18 花岗岩材质

图2-1-19 砂岩材质

提示词生成案例 8

A dreamy landscape made of sandstone, sandstone presents delicate ripple like textures, as if the waves of the sea are solidified within the rocks; the colorful hues complement each other in the sunlight, forming a series of splendid and colorful ecological painting .

砂岩构成的梦幻景观，砂岩呈现出细腻的波纹状纹理，仿佛大海的波浪凝固在岩石内部；在阳光下，五颜六色的色彩相得益彰，形成了一系列绚丽多彩的生态性画作（图2-1-19）。

五、织物材质

考虑织物材质的多样性，包括不同纤维类型（如天然纤维、合成纤维）、不同织物结构（如平纹、斜纹、缎纹等）以及不同处理工艺（如染色、印花、刺绣等）。这些差异可以通过在Midjourney中输入材质的关键词描述纹理特征、质感、光泽表现、工艺特征的细微变化来体现，如“纯丝绸”“精细棉布”“柔软羊毛”“细腻平滑”“粗糙质感”“卷曲和蓬松”“明亮”“柔和”等。这些纹理特征可以通过关键词或描述性语言来引导AI算法生成具有真实感的图像。

织物名称：棉花（cotton）、麻布（gunny）、黄麻（jute）、纸莎草纤维（papyrus fiber）、羊毛（wool）、羊绒（cashmere）丝绸（silk）蚕丝纤维（silk fiber）、纤维马海毛（mohair）、羊驼毛（alpaca fibre）、纱线（yarn）、碳纤维（carbon fibre）、聚酯纤维（polyester fiber）、弹力纤维（clastic fibers）、金属纱（metal yarn）、香云纱（gambiered guangdong gauze）、欧根纱（organza）、镂空纱（hollow yarn）、尼龙（nylon）、涤纶亚克力纱（polyester acrylic yarn）、莱卡皮革（lycra leather）、毛皮（fur）、毛绒（lint）、天鹅绒（velvet）、毛线（knitting wool）、毛毡（felt）、针织（knitting）、刺绣（embroidery）、蕾丝（lace）。

质感：光滑流畅（smooth and fluid）、轻盈飘逸（light and airy）、冷金属质感（cold metallic textures）、细腻光亮（fine and glossy）、furry（毛茸茸）。

纹理细节：无缝（seamless）、细腻花纹（delicate pattern）、编织工艺（weaving craft）、雕刻工艺（artistic carving）、镂空工艺（fretwork）。

光泽：绸面光泽（silk surface gloss）、闪烁（shimmered）、哑光柔和（matte and soft）。

感受：弹性（flexibility）、柔软蓬松（soft and fluffy）、真实感（sense of reality）、梦幻般现实感（fantastic realism）。

图2-1-20（a）丝绸材质

图2-1-20（b）丝绸材质

提示词生成案例 1

Underwater world made by 3D rendering of Silk fabric, artisan underwater color palette with sea greens, coral, pinks and sandy beiges, textures to mimic underwater scenes, dappled lighting as if filtered through water, laser style gradient, close-up photo, fantastic Realism, Quixel Megascans Render, V-Ray, microscopic view, soft illumination . --v 6.1.

由丝绸织物的3D渲染制成的水下世界，带有海绿色、珊瑚色、粉红色和沙色的工匠水下调色板，模拟水下场景的纹理，仿佛通过水过滤的斑驳灯光，激光风格渐变，特写照片，梦幻般的真实感，Quixel Megascans渲染，V-Ray，微观视图，柔和照明 --v 6.1（图2-1-20）。

图2-1-21 皮草材质

提示词生成案例 2

On the beach, the pink beach buggy is completely covered with fluffy pink fur, and the car is full of apples, which is very realistic. The whole body is covered with fur and striped texture, and the light blue background is very detailed and surreal style.

在沙滩上，粉红色的沙滩车完全被毛茸茸的粉红色皮毛覆盖，车上装满了苹果，非常逼真。全身覆盖着皮草和条纹纹理，浅蓝色的背景非常细致，超现实风格（图2-1-21）。

图2-1-22 蕾丝、针织材质1

提示词生成案例 3

A woman wearing a shark shaped headpiece made of lace and glowing neon colored knitted fabric stands on the beach under the blue sky. This seems to be a fashion photography image showcasing the details and intricate design of the headwear.Super realistic, high definition details.

一个女人戴着由蕾丝和发光的霓虹色针织面料制成的鲨鱼形头饰，站在蓝天下的海滩上。这是一张展示头饰细节和复杂设计的时尚摄影图片。超逼真、高清晰度的细节（图2-1-22、图2-1-23）。

图2-1-23 蕾丝、针织材质2

六、其他材质（陶瓷、玻璃、塑料等）

陶瓷、玻璃、塑料等广泛用于制作餐具、装饰品、艺术品中，其外观差异性主要体现在透明度、光泽度、可塑性等方面，触感比较光滑，可以通过工艺达到接近的效果。在Midjourney中输入材质的提示词时，可以利用几何图形等线条与形态、文化元素等，结合质感描述效果，例如透明的、半透明的、磨砂、可塑性、韧性等，营造现代感或抽象美。

材质名称：陶瓷（pottery and porcelain）、磨砂玻璃（frosted glass）镜面玻璃（mirror glass）、PVC材质（PVC material）、塑料（plastic material）、乙烯基材料（vinyl material）、橡胶（rubber）。

质感：透明（transparent）、半透明（semi-transparent）、中空镜面（hollow mirror）、乳白半透（opalescent translucency）、光学级透明（optical clarity）、水晶级透明度（cristallo clarity）、超现实质感（surrealistic quality）。

纹理细节：超详细节（super detailed）、微米级精度（micron-level accuracy）、釉面开裂纹（glaze crazing patterns）、灯工玻璃拉丝细节（lampworked glass stringer details）、陶瓷碎裂碎片（ceramic spallation fragments）、橘皮软触涂层（soft-touch coating orange peel）。

光泽：荧光（fluorescence）、钻石光泽（diamond shine）、珍珠光泽（pearly luster）、哑光光泽（matte luster）、酸蚀哑光渐变（acid-etched matte gradients）、虹彩光泽（luster iridescence）、铀玻璃荧光（uranium glass fluorescence）、夜光PVC（glow-in-the-dark PVC）、铀玻璃荧光（vaseline glass glow）。

提示词生成案例 1

Cute girl, fluorescent translucent plastics jacket, blind box, POP MART design, full body, diamond shine, metallic texture, exaggerated expressions and movements, bright light, clay material, precision mechanical parts, close-up intensity, 3D, super detailed, C4D, Blender, 8K, HD --ar 3 : 4 --stylize 250 --v 6.0 --style raw.

可爱的女孩，荧光半透明塑料外套，盲盒，泡泡玛特设计，全身，钻石光泽，金属质感，夸张的表情和动作，明亮的光线，粘土材料，精密的机械零件，特写强度，3D，超详细，C4D，Blender，8K，HD --ar 3 : 4 --stylize 250 --v 6.0 --style raw（图2-1-24）。

图2-1-24 塑料材质

图2-1-25 玻璃材质

提示词生成案例 2

Panorama, there is a shattered glass in front of the camera. Behind the glass, there is a beautiful girl from China Tang Dynasty riding a huge rabbit. The rabbit has white wings and scattered golden glass fragments, flying in the sky. Most ancient clothes are broken into countless mirror fragments from the glass in front of the camera, showing broken details. Many fragments fall on the fragments, showing broken details, mirror background, physical light, strong exposure, sports photography, dynamic perspective, broken.

全景，镜头前有一块碎玻璃。在玻璃后面，有一个中国唐朝的漂亮女孩骑着一只巨大的兔子。兔子有白色的翅膀，散落着金色的玻璃碎片，在天空中飞翔。大多数古代服装都是从相机前的玻璃上摔成无数的镜子碎片，显示出破碎的细节。许多碎片落在碎片上，显示出破碎的细节、镜面背景、物理光、强曝光、运动摄影、动态透视、破碎（图2-1-25）。

提示词生成案例 3

A walking robot tortoise dressed in blue and white porcelain style Ceramic material, full body, colorful goggles and headdress, Louis Vuitton patterns, fine and glossy, light blue and gold combination, high-end luxury colors, perfect details, super rich texture, super realistic. Gray background; --quality 2 --stylize 250 --v 6.1.

一只行走的机器人乌龟穿着青花瓷风格的陶瓷材料，全身，五颜六色的护目镜和头饰，路易威登图案，精致光滑，浅蓝色和金色的组合，高端奢华的色彩，完美的细节，超丰富的质感，超现实主义，灰色背景--quality 2 --stylize 250 --v 6.1（图2-1-26）。

图2-1-26 陶瓷材质

第二节 纹理的捕捉与创意再现

纹理的捕捉与微观再现是一个融合了技术与艺术的过程，需要精准获取并细腻呈现纹理的各种特征，在纹理细腻程度的把控上，可以利用一系列提示词从语义层面引导系统生成高度逼真、细节丰富的纹理。同时结合参数调节发挥关键作用，为材质纹理带来多样细节变化。在纹理创意效果控制方面，参数成为创作者的得力工具，精细化调整参数实现对生成图像纹理特征的创造性控制，为创作者提供了广阔的创作空间，助力打造独特的视觉纹理效果。

一、控制纹理细腻程度

可以通过提示词与参数强化纹理逼真、细腻效果，如高品质（high quality）、超级细节（super detail）、复杂细节（complex details）、高保真（high fidelity）、高分辨率（high-resolution）、超详细（hyper-detailed）、清晰细节（crisp details）、超现实（ultra-realistic）、锐利焦点（sharp focus）、照片级真实质感（photorealistic）、HD、2K、4K、ultra HD或指定尺寸比例。

--quality或--q 该参数用于调整生成图像的质量和细节水平，取值范围通常是0.25、0.5、1、2等。数值越高，生成的图像质量越高，材质纹理的细节也会更丰富、更清晰，但同时生成所需的时间也会更长。例如，想要生成具有高清晰度木纹纹理的木质桌子图像，使用--q 2会比--q 0.5生成的木纹纹理更加细腻、真实，能看到更多木材的纤维细节等。

--seed 种子参数，它决定了生成图像的初始随机状态，不同的seed值会产生不同的变化。通过调整seed值，可以在相同的材质纹理设定下，获得多种不同细节表现的纹理效果。例如，对于生成皮革材质纹理，使用不同的seed值可以得到不同的皮革褶皱、纹理走向和细微瑕疵等细节变化，从而找到最符合需求的皮革纹理效果。

--aspect或--ar 用于调整生成图像的纵横比。不同的纵横比可能会影响材质纹理在图像中的显示效果和视觉感受。比如，对于一些具有方向性的纹理，如木纹或织物纹理，不同的纵横比可能会使纹理的走向和疏密程度看起来有所不同。例如，在生成一幅带有壁纸纹理的墙面图像时，使用--ar 16:9和--ar 4:3两种不同的纵横比，壁纸纹理的重复方式和视觉效果会有差异，可能在16:9的比例下纹理显得更细长，而在4:3的比例下纹理会显得更紧凑。

图2-2-1 锦缎材质细腻纹理

提示词生成案例 1

The undulating satin brocade has China patterns. The undulating satin brocade extends all the way to the horizon, with a group of people riding camels on it. dotted with colorful pearls, pearls and crystals. Silk refracts golden light, silk light perception, looking up perspective, miniature landscape, flowing, large area white, ray tracing, soft light perception, miniature landscape and three-dimensional sense -- ar 4 : 3 -- style raw -- s 400 --quality .5 -- v 6.0.

起伏的锦缎上有中国图案，锦缎一直延伸到地平线，上面有一群骑骆驼的人。点缀着五颜六色的珍珠、珍珠和水晶。蚕丝折射金光，蚕丝光感，仰视透视，微缩景观，流动，大面积白色，光线追迹，柔光感，微缩景观和立体感 -- ar 4 : 3 -- style raw -- s 400 --quality .5 -- v 6.0（图2-2-1）。

二、控制纹理创意效果

精细化调整 -style与 -chaos参数可实现对生成图像纹理特征的创造性控制。

（1）--style值低值（接近0）：首先，纹理高度符合描述且细节丰富，纹理会紧密围绕提示词描述来生成，几乎完全贴合给定的主题和风格要求。例如，如果提示词描述的是古老城堡的墙壁，那么生成的纹理会精准地呈现出城堡墙壁应有的石砖纹理细节。其次，纹理风格严谨统一，整体纹理风格会非常严谨、规整，不会出现与描述无关的突兀元素或风格偏离。此外，个性化与独特性较弱，由于过于追求与描述的符合度，可能在一定程度上缺乏独特的、意外的纹理变化，相对比较中规中矩，个性化表现可能稍显不足。

（2）--style值中值（如50左右）：首先，纹理基本符合描述并适度创新，纹理在满足提示词描述的基础上，会有一定程度的创新和变化。它依然能够准确地体现主题的核心特征，但会加入一些额外的细节或轻微的风格调整。其次，风格融合与平衡较好，能够较好地实现不同风格元素的融合与平衡。比如在一个既有现代元素又有复古元素的场景纹理生成中，会以一种较为和谐的方式将两种风格的纹理结合起来，既不会让现代元素过于突兀，也不会让复古元素显得陈旧，使整体纹理具有独特的视觉效果。此外，还具有一定的通用性和适应性，生成的纹理在不同的场景或应用中具有较好的通用性和适应性，既不会因过于独特而难以融入其他元素，也不会因过于普通而缺乏吸引力。

（3）--style值高值（接近1000）：首先，纹理与描述差异较大且富有创意，纹理可能会在很大程度上偏离提示词的原始描述，展现出高度的创意和随机性。其次，风格独特且强烈，会呈现出非常独特、鲜明的纹理风格。此外，可能失去与主题的直接联系，由于过于追求创意和风格的独特性，纹理可能会与最初的主题失去直接的、明显的联系，需要观众或使用者发挥更多的想象力来理解其与提示词的关联。

（4）--chaos值低值（0~30）：首先，纹理分布和排列相对规律，生成图像的纹理会较为紧密地围绕提示词的要求来呈现，分布和排列方式比较常规、可预测。其次，与提示词契合度高，整体图像风格和内容与提示词高度一致，基本不会出现偏离主题的纹理元素。

（5）--chaos值中值（30~70）：首先，纹理出现一定变化和创新，纹理的分布和排列开始有一些独特的变化，可能会出现一些不规则的纹理走向或局部的纹理变异。其次，保持一定的主题关联性，虽然纹理有变化，但整体仍能明显看出是符合提示词主题的，不会完全脱离提示词的范畴。

（6）--chaos值高值（70~100）：首先，纹理分布和排列高度随机，纹理会以奇特、意想不到的方式分布和排列。其次，与提示词关联度降低，图像可能会出现很多与提示词看似不相关的纹理元素，整体风格和内容可能会与提示词有较大偏差，更注重创意和实验性。

提示词生成案例 1

White background, tree ring texture, ink painting, cyan montage, people with boats in the river, flowing lines, golden lines, top-down view, minimalist style, printmaking, 4K, super detailed --chaos 100 -- detail 10 -- style 800.

白色背景，树木年轮纹理，水墨画，青色蒙太奇，河中有船有人，流动的线条，金色线条，俯视图，极简主义风格，版画，4K，超细节 --chaos 100 -- detail 10 -- style 800（图2-2-2）。

图2-2-2（a）水墨木纹创意效果

图2-2-2（b）水墨木纹创意效果

第三章
造型结构

第一节 基本型的造型语素

在Midjourney这一强大的图像生成工具中，描述基本的造型语素——点、线、面、体，不仅是构建图像框架的基础，更是赋予作品灵魂与个性的关键。为了确保这些基本元素在最终作品中得到既准确又生动的体现，巧妙地运用提示词来引导图像生成过程显得尤为重要。

一、点的造型语素

点作为最基础的造型元素在Midjourney中，通过使用点的造型、视觉效果、视觉效果、排列方式、方向性词汇等提示词，我们可以引导系统生成出既具有数量感又不失精致度的点状分布，为画面增添一抹神秘或细腻的氛围。

造型分类：圆点（round dot）、波点（wave point）、连续点（continuous point）、间断点（discontinuity point）、沙粒点（sand spot）。

视觉效果：视错觉（optical illusion）、波普艺术（pop art）、集中感（sense of concentration）、动感（dynamic）。

艺术家风格：乔治·修拉（georges seurat）、草间弥生（yayoi kusama）、埃尔斯佩特·麦克林（elspet maclean）。

排列方式：规律性密集排列（regular dense arrangement）、无规律稀疏排列（irregular sparse arrangement）、边缘发散式排列（edge divergent arrangement）、中心发散式排列（central divergent arrangement）、散点排列（scatter arrangement）、聚集排列（aggregation arrangement）、自由排列（free arrangement）、均匀排列（uniform arrangement）。

使用方向性词汇：水平方向（horizontal direction）、垂直方向（normal direction）、对角方向（diagonal direction）、螺旋方向（spiral direction）、顺时针方向（clockwise）、逆时针方向（counterclockwise）、中心发射方向（central emission direction）。

图3-1-1（a）圆点形

提示词生成案例 1

A spacesuit-style backpack with orange and white colors, on which dots with regular patterns are densely arranged, creates a visual illusion, with detailed mechanical design, product photography, high resolution, ultra-realistic details, plastic materials, studio lighting, solid color background and high contrast.

橙白两色的宇航服式背包，上面密密麻麻排列着规则图案的圆点，营造出一种视觉错觉，详细的机械设计，产品摄影，高分辨率，超逼真的细节，塑料材质，摄影棚灯光，纯色背景，高对比度（图3-1-1）。

图3-1-1（b）圆点形

提示词生成案例 2

A fluid flowers of points represented in 3D with depth of field, central divergent distribution, infographic style render particle effects, colors light back --style raw.

在3D中表示的点的流体花，具有景深、中心发散分布、信息图样式渲染粒子效果、颜色浅色背景--style raw（图3-1-2）。

图3-1-2 圆点形

二、线的造型语素

线是连接点与面的桥梁，它赋予画面以动态与方向。在Midjourney中，可以利用线的造型、视觉效果、艺术家风格、分布排列等提示词，来引导系统生成出既流畅又富有张力的线条，这些线条可以是物体轮廓的精准描绘，也可以是复杂图案的巧妙编织，它们共同构成了画面的骨架与脉络。

造型分类：单线（single line）、双线（double line）、虚线（dotted line）、直线（straight line）、曲线（curve）、双曲线（hyperbolic curve）、波浪线（wave line）、自由曲线（free curve）、平行线（parallel lines）、垂直线（vertical line）、折线（broken line）、几何折线（geometric polyline）、交叉线（cross line）、斜线（slant）、弧线（arc）、抛物线（parabola）、漩涡线（vortex line）、条纹（stripes）、对角线（diagonal line）。

视觉效果：视错觉（optical illusion）、连绵流畅（continuous and smooth flow）、豪迈奔放（bold and unrestrained）、错落有致（well-proportioned）、下落感（feeling of falling）、上升感（sense of rising）、运动感（sense of movement）、速度感（sense of speed）、锐气（spirit）、轻快（brisk）、跳跃（jumping feeling）、节奏感（rhythm）、自由流动（free-flowing）、眩晕（dizziness）、谜团（mystery）、浪漫（romantic）、稳定（stability）、轨迹多变（variable trajectory）、

艺术家风格：安妮·林德伯格（anne lindberg）、盐田千春（chiharu shiota）、萨拉·南希（sarah nance）、贾纳伊纳·海格·兰蒂尼（janaina mello landini）、埃舍尔（m.c. escher）。

分布排列：等距密集排列（equidistant dense arrangement）、粗细交错排列（thickness staggered arrangement）、疏密变换排列（density transformation arrangement）。

提示词生成案例 1

A futuristic subway train passes through a tunnel full of vitality and lighting, glowing neon lights and white tones, and a smooth modern design. Through the big window, you can see the detailed interior. This huge circular tunnel is completely covered with colored stripes of different sizes and arranged at equal intervals, resulting in visual illusion, cinematic lighting, surreal texture, detailed reflection and lens facula --ar 16 : 9 --q 2.

一列未来派的地铁列车穿过充满活力和灯光的隧道，闪烁的霓虹灯和白色调，流畅的现代设计。透过大窗户，可以看到详细的内部。这个巨大的圆形隧道完全被不同大小的彩色条纹覆盖，并以相等的间隔排列，从而产生视觉错觉，电影般的灯光，超现实的纹理，详细的反射和镜头光斑 --ar 16 : 9 --q 2（图3-1-3）。

图3-1-3 条纹线形

提示词生成案例 2

Luminous wavy lines on the sunset sun and beach, golden lines, gold powder decoration, sense of movement, surrealism minimalism, long lens, romantic nature, wavy, mirror kingdom, light whit and light red, light white and cyan, snapshot aesthetics.

日落太阳与海滩上的发光波浪线，金色线条，金色粉末装饰，运动感，超现实主义极简主义，长镜头，浪漫化的自然，波浪形，镜面王国，浅白色和浅红色，浅白色和青色，快照美学（图3-1-4）。

图3-1-4 波浪线形

提示词生成案例 3

A white clad woman wearing a golden gauze headscarf lies on a vortex line background, in the style of Iris van Herpen, a futuristic, surreal landscape with a deep blue background, gradient shades of blue and yellow, and golden hour lighting captured from a low angle. optical illusion, sense of space, Octane rendering and 3D rendering are extremely detailed and realistic, with dramatic octance rendering -- Chaos 20 -- ar 3:4 -- style raw -- stylized 500 -- v 6 .0.

一位头戴金色纱巾的白衣女子躺在涡流线背景上，这是Iris van Herpen风格的未来主义超现实景观，深蓝色背景，蓝色和黄色的渐变色调，以及从低角度捕捉的金色时刻的光线。光幻觉，空间感，八度渲染和三维渲染极其细腻逼真、戏剧性的八度渲染 -- Chaos 20 -- ar 3:4 -- style raw -- stylized 500 -- v 6 .0（图3-1-5）。

图3-1-5 漩涡线形

提示词生成案例 4

An elegant pattern featuring the outline of fish swimming in waves, with each line outlined in the style of delicate line, density transformation arrangement, shades of white --tile --style raw.

优雅的图案，图中鱼在波浪中游动，每条线都以精致的线条、疏密变换排列，白色的色调 --tile --style raw（图3-1-6）。

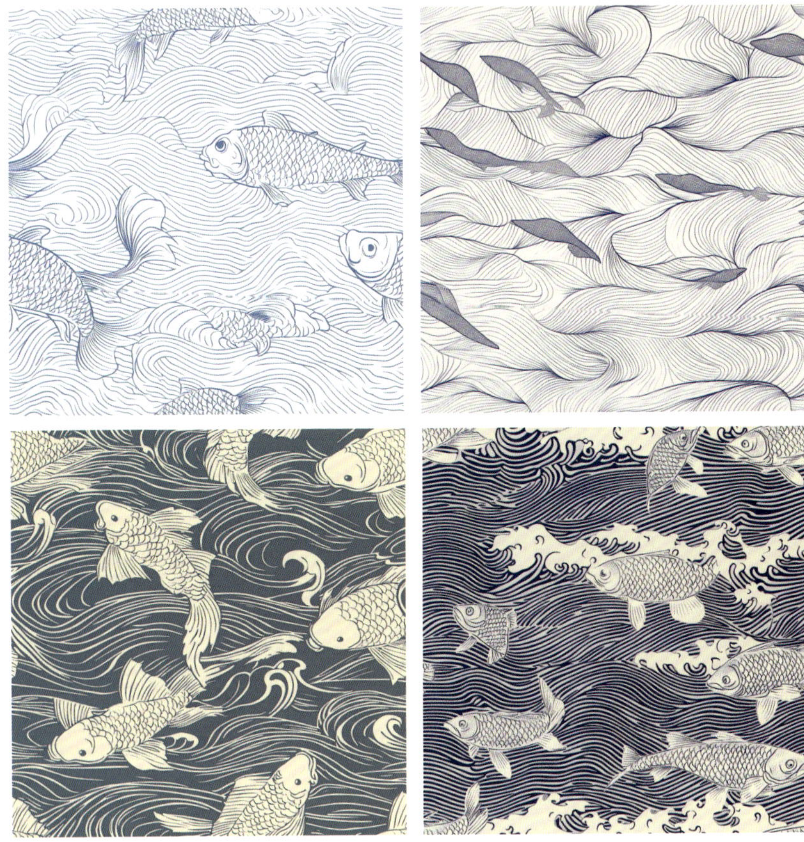

图3-1-6 波浪线形

提示词生成案例 5

The blue high contrast vector line art of a person drinking milk, hyperbolic, free flowing-- v 6.1.

一个人在喝牛奶的蓝色高对比度矢量艺术线条，双曲线，自由流动-- v 6.1（图3-1-7）。

图3-1-7 双曲线形

三、面的造型语素

面作为二维空间的载体，它承载着色彩、纹理与光影。在Midjourney中，通过面的造型、视觉效果、艺术家风格、排列方式等提示词，可以引导系统生成出既广阔又细腻的面状效果，这些面可以是背景的铺陈，也可以是物体表面的质感呈现，它们共同营造出画面的氛围与情感。

造型分类：矩形（rectangular）、圆形（round）、三角形（triangle）、方形（square）、菱形（diamond）、椭圆形（oval）、多边形（polygon）、波浪形（wavy）、几何曲线形（geometric curve）、不规则形（irregular shape）、扇形（fan shape）、云面（cloud surface）、规律曲面（regular surface）、不规律曲面（irregular surface）、规律平面（regular plane）。

视觉效果：螺旋（spiral）、抽象（abstract）、平滑（smooth）、粗糙（rough）、弯曲（bending）、柔软（soft）、坚硬（hard）、褶皱（fold）、凹凸（concave and convex）、延展（extension）、层次感（hierarchical feeling）、立体感（third dimension）、结构感（sense of structure）、动态感（dynamic sense）。

艺术家风格：马克·罗斯科（mark rothko）、克利福德·斯蒂尔（clifford still）、米尔顿·艾弗里（milton avery）、劳忒·拉塞尔斯坦（lotte laserstein）。

排列方式：拼贴图形（collage graphics）、平行排列（parallel arrangement）、相交排列（intersecting arrangement）、层叠排列（cascade arrangement）、重复排列（repeated arrangement）、渐变排列（gradient arrangement）、交错穿插排列（staggered arrangement）、旋转排列（rotating arrangement）。

提示词生成案例 1

Retro wave polygon, blue purple, 3D grid pattern, futuristic, cyberpunk, in the style of expansive landscapes, low-angle, poolcore, tumblewave, distorted form, highly detailed environments, gravity-defying landscapes.

复古波浪多边形，蓝紫色，3d网格图案，未来派，赛博朋克，广阔的景观，低角度，池核心，翻滚波，扭曲的形式，高度详细的环境，抗重力景观（图3-1-8）。

图3-1-8 波浪多边形

提示词生成案例 2

The artwork features a playful use of circle, triangle, square, create a beautiful woman with a large head and eyes, wearing yellow futuristic glasses, and multicolored hair in the style of detailed character, Light color patterns background, POP MART style, clay material, bold graphic design elements, created using 3D digital art techniques --v 6.1 --s 180.

该艺术品以圆形、三角形、正方形的俏皮使用为特色，创造了一个美丽的女人，她有一个大脑袋和大眼睛，戴着黄色的未来派眼镜，在细节人物、浅色图案背景、泡泡玛特风格、黏土材料、大胆的图形设计元素的风格中有五彩缤纷的头发，使用3D数字艺术技术 --v 6.1 --s 180（图3-1-9）。

图3-1-9 圆形、三角形、正方形

四、体的造型语素

体作为三维空间的实体，它赋予了画面以深度与体积。在Midjourney中，可以利用形体造型、视觉效果、艺术家风格等提示词，引导系统生成出既立体又富有层次感的体积效果，这些体积可以是物体的真实再现，也可以是抽象概念的具象表达，它们共同构建了画面的三维空间与视觉张力。

形体造型分类：立方体（cube）、三棱锥（triangular pyramid）、五棱柱（pentagonal prism）、几何多面体（geometric polyhedron）、柏拉图多面体（plato polyhedron）、正四面体（regular tetrahedron）、正六面体（regular hexahedron）、正八面体（regular octahedron）、正十二面体（pentagonal dodecahedron）、正二十面体（regular icosahedron）、阿基米德多面体（archimedean solid）、曲面体（curved surface）、截半立方体（cut semi-cube）、截半十二面体（truncated dodecahedron）、截角四面体（truncated tetrahedron）、半立体浮雕感（semi-stereoscopic relief feeling）、截角八面体（truncated octahedron）、截角立方体（truncated cube）、截角二十面体（truncated icosahedron）、截角十二面体（truncated dodecahedron）、十四面体（tetrakaidecahedron）、不等边多面体（unequal polyhedron）、不等边十面体（unequal decahedron）、立方体（cube）、圆柱体（cylinder）、旋转体（rotator）、圆锥体（cone）、球体（sphere）、环状体（annular body）。

视觉效果：半立体浮雕感（semi-stereoscopic relief feeling）、整齐有序（neat and orderly）、平和宁静（peace and tranquility）、柔和亲切（soft and friendly）、形态多变（variety of shapes）、活力动感（energetic and dynamic）、精巧细致（delicate and meticulous）、锐利激进（sharp and aggressive）、饱满圆润（full and rounded）、流畅自然（smooth and natural）、空间感（sense of space）、深度感（sense of depth）、轻盈灵动（lightness and agility）、厚重结实（heavy and sturdy）、稳定均衡（stable and balanced）、对称性（symmetry）、圆润感（symmetry）。

艺术家风格：米开朗基罗（Michelangelo Buonarroti）、费尔南多·博特罗（Fernando Botero）、安东尼·范·戴克（Anthony van Dyck）、伦勃朗·哈尔曼松·凡·莱因（Rembrandt Harmenszoon van Rijn）、弗朗西斯科·戈雅（Francisco Goya）、鲁本斯（Peter Paul Rubens）、亨利·摩尔（Henry Moore）。

提示词生成案例 1

Archimedes polyhedral crystal ball, concave-convex texture, flashing golden light, white and blue background, snow and snowstorm, freezing, frost, reflection, bright, ultra-clear, transparent metal armor, patron saint, transparent, caustics, optics, surrealism, magic, fantasy composition, pearlescent, 8k, HD --v 6.0 --ar 3∶4 --style raw --s 50.

阿基米德多面体的水晶球，凹凸质感，闪烁金光，背景白色和蓝色，雪与暴风雪，冰冻，霜冻，反射，明亮，超清，透明金属装甲，守护神，透明，焦散，光学，超现实，魔术，幻想构图，珠光，8k，HD --ar 3∶4 --style raw --s 50（图3-1-10）。

图3-1-10 阿基米德多面体

提示词生成案例 2

A large pumpkin is being cut into geometric polyhedron by miniature workers, exquisite and meticulous, using realistic photography, with super-detailed rendering, a solid color background, and high resolution --s 210 --v 6.1.

微型工人将一个大南瓜切成几何多面体，精致细致，使用写实摄影，具有超精细的渲染、纯色背景和高分辨率 --s 210--v 6.1（图3-1-11）。

图3-1-11 几何多面体

第二节 基本形的结构塑造

Midjourney基本形的结构塑造是一个多维度且富有创意的过程，它不仅深度触及形态构成的层面，更广泛涵盖了组合构成的提示词这一关键环节。形态构成作为基本形塑造的基础，主要关注单个元素如点、线、面、体的形状的构造属性，以及它们如何在二维或三维空间中排列、组合，从而形成丰富多样的视觉形态。这一过程体现了Midjourney在图形设计上的精湛技艺和无限可能，为用户提供了广阔的创作空间和定制化的选择。

一、形态构成

在形态构成方面，Midjourney通过一系列基础元素的组合和变化，创造出丰富多样的视觉形态。这些基础元素在不同的状态和变化下，能够生成各具特色的图形和形状。这些形态构成不仅体现了Midjourney在图形设计上的灵活性和创新性，还为用户提供了更多的选择和定制空间，以下为形体构成的提示词：

3D螺旋（3D spirals）、交织缠绕（interwoven entanglement）、编织（weaving）、焊接（welding）、穿插（interspersed）、穿透（penetration）、重复（repeat）、渐变（gradual change）、发射（launch）、三维构成（three-dimensional composition）、旋转（spin）、交叉（cross）、垂直（vertical）、框架（framework）、转体（turn）、纽结（knot）、卷曲延伸（curl extension）、插接构造（plug-in structure）、切孔（cutting holes）、切折（cut and fold）、凹凸（concave and convex）、剪边（trimming）、平折（flat folding）、棱边处理（edge treatment）、切割折叠（cutting and folding）、三维网状结构（three-dimensional network structure）。

图3-2-1 交织缠绕

提示词生成案例 1

Motorcycle made out of plastic parts. Colored transparent material. Local parts interweave and entangle, 3D spirals, cinema 4D style. Highly illuminated, white background, High saturation, Highly detailed professional 3D render, vibrant, hyperrealistic, Photorealistic. --ar 3:4 --s 180.

由塑料零件制成的摩托车。有色透明材料。局部交织缠绕，3D螺旋，影院4D风格。高亮度，白色背景，高饱和度，高度详细的专业3D渲染，充满活力，超逼真，照片般真实 --ar 3:4 --s 180（图3-2-1）。

二、组合构成

组合构成的提示词在Midjourney中起重要的作用，它们能够精确引导系统生成具有群化元素和复杂构图的图像或设计。以下是一些常见的组合构成提示词示例，这些提示词涵盖了多个方面，相互关联、相互影响，共同塑造出最终的图像效果：

分离（separate）、联合（unite）、覆叠（overlay）、重合（coincide）、透叠（penetration）、差叠（difference stack）、减缺（shortage reduction）、正负形式（positive and negative forms）、打散重构（scattering reconstruction）、层层叠加（layer by layer superposition）、并列组合（parallel combination）、左右平衡（left-right balance）、进深关系（deep relationship）、凹凸层次（concave and convex level）、错位组合（dislocation combination）、切割组合（cutting combination）、积聚组合（accumulation combination）。

提示词生成案例 1

Colorful and lovely Garfield toys, animal Lego, mosaic, scattered reconstruction, dislocation combination, three-dimensional model, advertising poster, degree offset method, Disney style, 16k, high detail --s 750.

多彩可爱的加菲猫玩具，动物乐高，马赛克，打散重构，错位组合，三维模型，广告海报，度偏移法，迪士尼风格，16k，高细节 --s 750（图3-2-2）。

图3-2-2 打散重构、错位组合

图3-2-3 切割组合、渗透、凹凸层次

提示词生成案例 2

An artistic installation floats in the sea, and the glass shark is made up of many colored letters combined together. Cutting combination, Penetration, concave-convex level, sculpture illuminated by pink and turquoise studio lights, bright colors, luminous irradiation, large aperture photography, --v 6.1.

一个艺术装置漂浮在大海中，玻璃鲨鱼由许多组合在一起的彩色字母构成。切割组合、渗透、凹凸层次，雕塑由粉红色和绿松石工作室灯光照亮，明亮的颜色，发光照射，大光圈摄影 --v 6.1（图3-2-3）。

第四章
光影色彩

作为设计的核心语言，光影与色彩不仅是空间形态的塑造者，更是情感与文化的传递媒介。本章以设计学理论为根基，结合Midjourney平台的动态生成技术，系统探讨光影的物理控制、色彩的文化语义以及多维氛围的构建逻辑。从自然光的模拟到传统色彩的当代转译，从单一焦点强化到复杂叙事序列，本章通过“空间表现—情感渲染—叙事表达”三层框架，构建一套可量化、可复用的Midjourney提示词构建方法论，为建筑、室内及视觉艺术领域提供跨媒介的实践指导。

第一节 光影的生成与控制

一、空间表现中的光影建构

光影的生成既是科学也是艺术。本节以光线强度、时间特征与空间质感为切入点，解析Midjourney技术在自然光模拟、焦点强化及动态叙事中的创新应用。通过案例对比与提示词公式提炼，揭示如何从物理属性（如穿透、反射、衰减）到情感表达（如戏剧性、静谧感）实现光影的精准调控，为设计师提供从基础参数设置到复杂场景生成的完整技术路径。

自然光的方向控制

要点提示词：

- 光线强度：柔和光线（soft light）、强烈光线（harsh light）、强烈阳光（strong sunlight）、漫射光（diffused light）、昏暗光线（dim light）。
- 时间特征：晨光（morning light）、正午阳光（midday sun）、午后暖光（afternoon glow）、黄金时刻的光线（golden hour）、蓝色时刻光线（blue hour）。
- 光线质感：体积光（volumetric lighting）、光线追踪（ray tracing）、光束效果（light shafts）、环境光遮蔽（ambient occlusion）、上帝光芒（god rays）。
- 光线方向：背光（backlight）、轮廓光（rim light）、侧光（sidelight）。

图4-1-1 柔和晨光效果例1

图4-1-2 柔和晨光效果例2

提示词生成案例 1

Masterpiece architectural photography, monumental concrete pavilion illuminated by ethereal morning rays, volumetric beams piercing through geometric voids, floating dust particles catching light, cinematic atmosphere with Hiroshi Sugimoto aesthetics, ambient fog diffusion.

大师级建筑摄影作品，宏伟的混凝土展馆被空灵的晨光照亮，体积感十足的光束穿透几何形状的空隙，漂浮的尘埃捕捉光线，带有杉本博司美学风格的电影般氛围，弥漫着环境雾气（图4-1-1、图4-1-2）。

提示词生成案例 2

Brutalist concrete sanctuary under harsh meridian sun, razor-sharp shadows slicing across minimalist surfaces, hyper-realistic architectural visualization, Tadao Ando inspired light play, crystalline 8K clarity.

粗野主义混凝土圣殿沐浴在强烈的正午阳光下，锋利的阴影切割着极简主义表面，超写实建筑视觉效果，受安藤忠雄启发的光影效果，水晶般8K的清晰度（图4-1-3）。

图4-1-3 对比案例：强烈正午光效果

光线的穿透效果

要点提示词:

- 穿透材质：格子窗（lattice window）、纸质屏风（paper screen）、半透明（translucent）、镂空屏风（perforated screen）、磨砂玻璃（frosted glass）、布艺窗帘（fabric curtain）。
- 光线特征：斑驳光影（dappled light）、过滤后的阳光（filtered sunlight）、散射光线（scattered rays）、光影图案（light patterns）、衍射光（diffracted light）、棱镜效果（prismatic effect）。
- 空间氛围：富有氛围感（atmospheric）、空灵（ethereal）、戏剧化（dramatic）、静谧（serene）。

图4-1-4 体积光组图

图4-1-5 体积光单图

提示词生成案例 3

Transcendent modernist corridor, orchestrated light beams cutting through darkness, James Turrell-inspired spatial experience, volumetric light as sculpture, award-winning architectural photography, ultra-dramatic contrast.

超然的现代主义走廊，精心编排的光束切透黑暗，受詹姆斯·特瑞尔启发的空间体验，将体积光作为雕塑，获奖建筑摄影作品，极具戏剧性的对比效果（图4-1-4、图4-1-5）。

图4-1-6 对比案例：柔光

光影层次的深度表现

要点提示词：

- 空间深度：层次空间（layered space）、深度（depth）、空间层级（spatial hierarchy）、透视（perspective）、消失点（vanishing point）。
- 光影过渡：渐变过渡（gradual transition）、光照渐变（light gradient）、阴影递进（shadow progression）、色调范围（tonal range）、对比度（contrast ratio）。
- 材质反应：反射（reflection）、吸收（absorption）、散射（scatter）、反弹光（bounce light）、折射（refraction）。
- 深度氛围：大气深度（atmospheric depth）、体积雾（volumetric fog）、深度雾化（depth haze）、光线衰减（light falloff）、环境阴影（ambient shadows）、遮挡阴影（occlusion shadows）、深度提示（depth cues）。

图4-1-7 明确层次光影

提示词生成案例 4

Ethereal gallery space, diffused light cascading through translucent fabric installation, Peter Zumthor atmospheric quality, sophisticated tonal transitions, mist-filled void, fine art photography.

空灵的画廊空间，漫射光线层叠穿过半透明织物装置，彼得·卒姆托式的空间氛围品质，精致的色调过渡，充满薄雾的虚空，艺术摄影（图4-1-6）。

提示词生成案例 5

Modernist spatial sequence, orchestrated light chambers with calculated depth transitions, Tadao Ando-inspired concrete geometries, masterful shadow progression through interconnected volumes, ultra high-end architectural photography, dramatic perspective.

现代主义空间序列，经过精心编排的光影空间与计算好的深度转换，受安藤忠雄启发的混凝土几何形体，通过相互连接的空间体量展现出精妙的阴影递进，顶级建筑摄影，富有戏剧性的透视效果（图4-1-7）。

图4-1-8 对比案例：渐变层次光影

提示词生成案例 6

Transcendent gallery sequence, ethereal light gradients flowing through translucent screens, Steven Holl atmospheric layers, sophisticated fog-diffused illumination, floating dust particles, museum-grade architectural visualization.

超凡的展廊序列，空灵的光线渐变流过半透明屏障，史蒂文·霍尔式的大气层次感，精致的雾气漫射光线，漂浮的尘埃颗粒，博物馆级别的建筑可视化效果（图4-1-8）。

空间表现中的光影建构提示词组合原则和效果调节技巧分别见表4-1-1和表4-1-2。

表4-1-1 提示词组合原则

组合类型	组合结构	示例
基础三元素组合	光源描述+空间特征+渲染风格	柔和晨光（soft morning light）+传统庭院（traditional courtyard）+写实渲染（photorealistic rendering）
氛围导向组合	情感氛围+光线特质+场景元素	神秘的（mysterious）+体积光（volumetric light）+废弃寺庙（abandoned temple）
文化风格组合	文化属性+色彩特征+光影效果	中国古典（classical Chinese）+青花瓷配色（blue and white porcelain colors）+斑驳光影（dappled light）

表4-1-2 效果调节技巧

调节目的	技巧描述	示例词汇
空间感增强	添加大气词汇营造空间层次感	富有氛围感（atmospheric）、薄雾（misty）、尘埃感（dusty）、朦胧（hazy）
质感提升	使用专业渲染词增强画面质感	光线追踪（ray tracing）、环境光遮蔽（ambient occlusion）、次表面散射（subsurface scattering）
强度调节	通过对比词调节光线强弱	强烈/柔和（harsh/soft）、明显/微妙（strong/subtle）、清晰/漫射（clear/diffused）
焦点控制	使用聚焦词汇突出主体	聚光灯（spotlight）、聚焦于（focus on）、重点照明（accent lighting）、主要焦点（primary focus）
情绪引导	运用情感词汇引导作品氛围	戏剧化（dramatic）、宁静的（serene）、神秘的（mysterious）、怀旧的（nostalgic）
材质互动	描述光与材质的互动效果	反射（reflection）、半透明（translucent）、吸收（absorption）、散射（scatter）

二、焦点强化中的光影应用

焦点光影通过明暗对比与线性引导塑造视觉层级。本节解析高对比聚光、柔光漫射等策略，结合Midjourney提示词构建“光源—对比度—空间”公式，实现从戏剧性场景到极简空间的精准焦点控制。

主体突出的明暗对比

要点提示词：

- 对比度：高对比度（high contrast）、戏剧化阴影（dramatic shadows）、明暗对比（chiaroscuro）、强烈反差（stark contrast）、明暗法（tenebrism）、轮廓对比（rim contrast）。
- 光源特征：聚光灯（spotlight）、定向光（directional light）、聚焦光束（focused beam）、重点照明（accent lighting）、主光源（key light）、硬光（hard light）。
- 氛围营造：戏剧化（dramatic）、舞台感（theatrical）、情绪化（moody）、电影感（cinematic）。
- 突出技巧：剪影（silhouette）、光线隔离（light isolation）、阴影框架（shadow framing）、逆光（contre-jour）、负空间（negative space）、晕影效果（vignette effect）。

提示词生成案例 1

Transcendent fine art study of Apollo Belvedere plaster cast, masterly orchestrated shaft of light piercing infinite darkness, extreme sculptural chiaroscuro at 1 : 1000 contrast, light carving pure geometric shadows across classical features, hyperrealistic surface detail where light touches, light particles visible in beam, monumental scale, 8K Hasselblad clarity, inspired by Hellenistic sculpture meets James Turrell light mastery.

阿波罗·贝尔维德尔石膏像的超凡艺术研究，巧妙编排的光束刺穿无尽黑暗，1:1000对比度下极致的雕塑明暗对比，光线在古典特征上雕刻出纯粹的几何阴影，被光触及处呈现超写实的表面细节，光束中可见光粒子，宏伟的尺度，哈苏相机8K级的清晰度，灵感来自希腊化时期雕塑与詹姆斯·特瑞尔的光影大师手笔的结合（图4-1-9）。

图4-1-9 强烈聚光效果

提示词生成案例 2

Fine art still life of Venus de Milo plaster cast, sophisticated wrap-around soft lighting setup, pure white environment with zero shadows, perfect surface detail revelation, delicate tonal gradients across white-on-white composition, modernist photographic study of form, exhibition-grade clarity.

米洛斯的维纳斯石膏像的精美艺术静物，精致的环绕式柔光布光设置，纯白环境下零阴影，完美呈现表面细节，白上加白构图中的精细色调渐变，现代主义的形态摄影研究，展览级的清晰度（图4-1-10）。

图4-1-10 对比案例：柔和照明

光束的线性引导

要点提示词：

- 光束形态：光束（light beam）、光柱（shaft of light）、光线（ray of light）、线性光（linear lighting）。
- 空间特质：走廊（corridor）、廊道（gallery）、路径（pathway）、序列空间（sequential space）。
- 光线质感：体积感（volumetric）、尘埃感（dusty）、空灵（ethereal）、清晰明朗（defined）。
- 引导效果：引导线（leading line）、视觉路径（visual path）、方向流动（directional flow）。

图4-1-11 锐利光束效果

提示词生成案例 3

Transcendent modernist corridor, orchestrated light beams piercing through darkness, James Turrell-inspired light art installation, volumetric rays as sculptural elements, cinematic atmosphere, award-winning architectural photography.

超然的现代主义走廊，精心编排的光束穿透黑暗，受詹姆斯·特瑞尔启发的光影艺术装置，将体积光束作为雕塑元素，电影般的氛围，获奖建筑摄影作品（图4-1-11）。

图4-1-12 对比案例：柔和光线效果

提示词生成案例 4

Ethereal gallery sequence, cascading light streams through translucent veils, Peter Zumthor atmospheric qualities, sophisticated fog diffusion, floating dust particles, fine art architectural visualization.

空灵的展廊序列，层叠的光流穿过半透明帷幕，彼得·卒姆托式的空间氛围品质，精致的雾气漫射，漂浮的尘埃颗粒，艺术级建筑可视化效果（图4-1-12）。

层次化的焦点布局

要点提示词：

- 层次关系：分层照明（hierarchical lighting）、层次光照（layered illumination）、渐进式聚焦（graduated focus）、光照区域（lighting zones）、渐进光照（progressive lighting）。
- 重点区分：主要焦点（primary focus）、次要光源（secondary lighting）、环境填充光（ambient fill）、重点高光（accent highlight）、背景照明（background illumination）。
- 空间氛围：空间深度（depth）、立体感（dimensional）、氛围感（atmospheric）。

提示词生成案例 5

Avant-garde spatial composition, multiple precise light sources creating dramatic focal hierarchy, Richard Serra-inspired monumental spaces, orchestrated illumination zones, museum-quality architectural photography.

前卫的空间构图，多个精确的光源创造戏剧性的焦点层次，受理查德·塞拉启发的宏伟空间，经过精心编排的照明区域，博物馆级别的建筑摄影（图4-1-13）。

图4-1-13 同层多重焦点

提示词生成案例 6

Contemplative modernist interior, floating light volumes with ethereal transitions, Hiroshi Sugimoto-inspired tonal subtlety, sophisticated graduated illumination, ultra high-end architectural visualization.

沉思般的现代主义室内空间，漂浮的光体具有空灵的过渡效果，受杉本博司启发的微妙色调，精致的渐变照明，顶级建筑可视化效果（图4-1-14）。

图4-1-14 对比案例：渐进式焦点

焦点强化中的光影应用提示词构建公式见表4-1-3，效果调节技巧见表4-1-4。

表4-1-3 提示词构建公式

组合类型	组合结构	示例
焦点光影基础公式	光源类型+对比度+空间描述+专业术语	戏剧化聚光（dramatic spotlight）+高对比（high contrast）+展廊空间（gallery space）+专业照明（professional lighting）
氛围导向组合	情绪词+光源描述+空间感词	情绪化定向光（moody directional light）+鲜明阴影（stark shadows）+私密空间（intimate space）
层次化表现	主体光源+次要光源+层次描述	主要聚光（primary spotlight）+次要环境光（secondary ambient light）+层次化照明（hierarchical illumination）

表4-1-4 效果调节技巧

调节目的	技巧描述	示例词汇
强度调节	通过对比词调节光影强度	戏剧化/微妙（dramatic/subtle）、锐利/柔和（sharp/soft）、清晰/漫射（defined/diffused）
氛围增强	添加氛围词增强场景效果	电影感（cinematic）、舞台感（theatrical）、情绪化（moody）、黑色电影风格（noir）
专业提升	使用专业词汇提升画面品质	摄影棚照明（studio lighting）、专业摄影（professional photography）、展廊照明（gallery illumination）
光影过强修正	添加柔化词汇降低光影强度	柔和（soft）、温和（gentle）、微妙（subtle）、精致（delicate）、柔和的（muted）
对比不足改善	增加对比词强化光影效果	戏剧化（dramatic）、高对比（high contrast）、清晰（defined）、鲜明（stark）、大胆（bold）
情绪引导	运用情感词汇引导作品氛围	戏剧化（dramatic）、宁静的（serene）、神秘的（mysterious）、怀旧的（nostalgic）
材质互动	描述光与材质的互动效果	反射（reflection）、半透明（translucent）、吸收（absorption）、散射（scatter）

三、叙事性光影构建

光影的动态变化是空间叙事的核心语言。本节以时间流动、情境隐喻、序列引导为框架，探讨如何通过Midjourney生成昼夜交替、季节变迁等复杂光影序列，赋予空间情感与故事性。

时间流动的光影演绎

要点提示词：

- 时间特征：时间推移（time progression）、从白天到夜晚（day to night）、季节变化（seasonal changes）、时间感光照（temporal lighting）、延时效果（time-lapse effect）。
- 光线变化：过渡光线（transitional light）、变化的阴影（changing shadows）、逐步变化的照明（evolving illumination）、变化的图案（shifting patterns）。
- 氛围转换：情绪转变（mood shift）、氛围变化（atmospheric change）、动态氛围（dynamic ambiance）、情感进展（emotional progression）、色调旅程（tonal journey）。

图4-1-15 日间光影流动

提示词生成案例 1

Monumental modernist chamber, masterful time-lapse sequence of light transformation, 4-panel evolution from dawn rays piercing darkness to zenith clarity to golden hour drama to twilight shadows, James Turrell-inspired light wells, pure geometric shadows moving like sundials, ultra high-end architectural visualization, cinematic atmosphere.

宏伟的现代主义厅堂，大师级的光线变化延时序列，四个画面展现从晨光刺破黑暗到正午清晰到黄金时段戏剧性再到暮色阴影的演变过程，受詹姆斯·特瑞尔启发的天井设计，如日晷般移动的纯粹几何阴影，顶级建筑可视化效果，电影般的氛围（图4-1-15）。

图4-1-16 对比案例：空间光影变迁

提示词生成案例 2

Monumental stone pavilion through extreme seasonal metamorphosis, four-panel ultra-dramatic transformation: piercing winter light through snow-lit oculus casting razor shadows spring rain light filtering through mist creating ethereal veils | harsh summer zenith light carving geometric voids | autumn golden hour igniting space in flames, Pantheon-scale light wells, Peter Zumthor's material presence meets Louis Kahn's light mastery, museum-grade architectural photography sequence, cinematic color science.

宏伟石材展馆经历极致的季节蜕变，四个画面展现戏剧性的转变：冬季锐利的光线透过被雪光照亮的圆顶天窗投射出锋利阴影 | 春季雨光透过薄雾形成空灵的帷幕 | 夏季正午强烈的阳光雕刻出几何形的虚空 | 秋季黄金时分的光线让空间燃烧般闪耀，万神殿级别的天井，结合了彼得·卒姆托的材质存在感与路易斯·康的光影大师手笔，博物馆级别的建筑摄影序列，电影级的色彩科学（图4-1-16）。

情境式光影叙事

要点提示词：

- 情境类型：沉思的（contemplative）、神秘的（mysterious）、庆典的（celebratory）、庄重的（solemn）、怀旧的（nostalgic）、浪漫的（romantic）、冥想的（meditative）。
- 光线特质：空灵的（ethereal）、戏剧化的（dramatic）、节庆的（festive）、神圣的（sacred）。
- 氛围营造：富有精神性的（spiritual）、仪式感的（ceremonial）、亲密的（intimate）、宏伟的（grand）、超然的（transcendent）、沉浸式的（immersive）。

提示词生成案例 3

Ethereal meditation chamber, orchestrated light beams descending through mist, floating dust particles creating light veils, Tadao Ando-inspired concrete canyon with oculus, volumetric light as divine presence, museum-grade architectural photography.

空灵的冥想空间，编排有序的光束穿透薄雾降下，漂浮的尘埃形成光帷，受安藤忠雄启发的带有圆形天窗的混凝土峡谷，体积光呈现出神圣的存在感，博物馆级别的建筑摄影（图4-1-17）。

图4-1-17 静谧空间叙事

图4-1-18 对比案例：戏剧空间叙事

提示词生成案例 4

Avant-garde performance space, theatrical lighting installation with multiple converging beams, Peter Zumthor's atmospheric density, light cutting through haze creating dynamic layers, monumental scale, cinematic mood.

前卫的表演空间，多束汇聚的戏剧性灯光装置，彼得·卒姆托式的浓郁空间氛围，光线切透薄雾创造动态层次，宏伟的尺度，电影般的意境（图4-1-18）。

空间序列的光影引导

要点提示词：

- 空间过渡：空间递进（spatial progression）、序列化体验（sequential experience）、光影之旅（journey through light）、流动空间（flowing spaces）、光线叙事（light narrative）。
- 引导方式：引导光（guiding light）、过渡阴影（transitional shadows）、定向照明（directional illumination）、引导亮度（leading brightness）、视觉提示（visual cues）。
- 层次表达：渐变光照（graduated lighting）、由亮到暗（light to dark）、亮度层级（brightness hierarchy）、序列强度（sequential intensity）、渐进揭示（progressive revelation）。
- 空间连贯性：视觉连续性（visual continuity）、照明节奏（lighting rhythm）、空间流动（spatial flow）、连接照明（connected illumination）、渐进发现（progressive discovery）。

图4-1-19 明确的光影引导

提示词生成案例 5

Transcendent modernist procession, five connected chambers with ascending light intensity, massive angled light wells orchestrating journey: first chamber in near darkness with single sharp light beam marking path | second space with diagonal light shaft cutting through dust | third chamber flooded with multiple converging spotlights | fourth space with ethereal light curtain | final chamber bathed in overwhelming zenith light, Richard Serra's monumental scale meets Tadao Ando's light mastery, ultra high-end architectural visualization, cinematic atmosphere.

超然的现代主义进程，五个相连的空间呈现递增的光照强度，巨大的倾斜天井编排出一段旅程：第一个空间近乎黑暗，仅有一束锐利的光束标示路径 | 第二个空间有斜射的光束穿透尘埃 | 第三个空间充满多束汇聚的聚光灯光 | 第四个空间有空灵的光幕 | 最后一个空间沐浴在压倒性的顶光之中，结合了理查德·塞拉的宏伟尺度与安藤忠雄的光影大师手笔，顶级建筑可视化效果，电影般的氛围（图4-1-19）。

图4-1-20 对比案例：微妙的光影暗示

提示词生成案例 6

Ethereal gallery sequence, subtle light progression through translucent veils, interconnected spaces with gradual luminance shift: entrance filtered through layers of floating silk creating soft threshold | main path guided by glowing walls slowly increasing in brightness | meditation space wrapped in pure diffused light, Peter Zumthor's atmospheric control meets James Turrell's light art, museum-grade architectural photography.

空灵的展廊序列，通过半透明帷幕形成微妙的光线递进，相互连接的空间呈现渐进的亮度变化：入口处透过层层漂浮的丝绸过滤出柔和的门限 | 主路径由逐渐增强亮度的发光墙面引导 | 冥想空间被纯粹的漫射光包围，结合了彼得·卒姆托的空间氛围掌控与詹姆斯·特瑞尔的光影艺术，博物馆级别的建筑摄影（图4-1-20）。

叙事性光影构建的提示词组合策略和高级效果控制见表4-1-4和表4-1-5。

表4-1-4 提示词组合策略

组合类型	组合结构	示例
叙事光影基础公式	基础场景+光影特征+情感氛围+专业效果	中国园林（Chinese garden）+过渡光照（transitional lighting）+沉思氛围（contemplative mood）+电影级质感（cinematic quality）
时间维度组合	时间词+光线描述+空间元素	时间推移（time progression）+逐步变化的照明（evolving illumination）+序列空间（sequential space）
情境引导组合	情感词+引导元素+专业效果	神秘的（mysterious）+光影之旅（journey through light）+大气质感（atmospheric quality）

表4-1-5 高级效果控制

调节目的	技巧描述	示例词汇
时间流动强化	使用时间词增强动态感	序列（sequence）、推进（progression）、演变（evolution）、时间流动（temporal flow）、时序光线（chronological light）
情境营造深化	通过情感氛围词定义光影叙事	情绪（mood）、氛围（atmosphere）、环境感（ambiance）、情感质量（emotional quality）、精神存在（spiritual presence）
空间引导增强	运用方向性词加强空间流动感	旅程（journey）、过渡（transition）、流动（flow）、空间移动（spatial movement）、引导路径（guided path）
叙事性不足改进	添加动态时间词强化变化感	变化的（evolving）、过渡的（transitional）、渐进的（progressive）、转变的（shifting）、时间的（temporal）
情感表达增强	增加情绪氛围词提升感染力	情绪（mood）、精神性（spiritual）、亲密的（intimate）、沉思的（contemplative）、唤起情感的（evocative）
引导性改善	使用方向词提升空间流动性	递进（progression）、引导（guidance）、视觉路径（visual path）、方向流动（directional flow）、序列体验（sequential experience）

第二节 色彩的精细化表达

色彩既是文化符号，亦是情感媒介。本节从传统语义解码、情感映射到多维层次设计，构建“文化属性+色彩特征+材质反应”的Midjourney控制模型，实现从单一色调到复合系统的精准表达。

一、色彩语义的文化关联

中国传统色彩体系承载五行哲学与材质美学。本节通过青花钴蓝、水墨玄黑等案例，解析如何以Midjourney技术重构传统色彩语言，在当代设计中激活文化基因。

传统五行色彩体系

要点提示词：

- 五行对应：木・青绿（wood green）、火・赤红（fire red）、土・赭黄（earth yellow）、金・皓白（metal white）、水・玄黑（water black）、青蓝（cyan blue）、艳赤（bright crimson）。
- 色彩质感：玉质感（jade-like）、朱红（vermillion）、赭色（ochre）、珠白（pearl white）、墨黑（ink black）、青瓷色（celadon）、丹砂红（cinnabar）。
- 文化属性：传统（traditional）、古典（classical）、皇家风格（imperial）、书院风格（scholarly）、礼制色彩（ceremonial）、象征性（symbolic）、五行相生（harmonious）。
- 应用场景：宫廷画作（court painting）、民间艺术（folk art）、礼器（ceremonial objects）、传统建筑（traditional architecture）、哲学图示（philosophical diagram）、季节表现（seasonal representation）、文化象征（cultural symbolism）。

提示词生成案例 1

High fashion editorial art, floating silk fabrics in liquid emerald tones, sculptural fashion pieces casting jade shadows, ethereal movement, Nick Knight inspired photography, surreal elegance, fashion meets fine art.

高级时尚艺术大片，飘逸的丝绸面料呈现流动的翠绿色调，雕塑感的时装作品投射出翡翠般的阴影，空灵的动态，受尼克·奈特启发的摄影风格，超现实的优雅，时尚与艺术的交融（图4-2-1）。

图4-2-1 翡翠绿服装意向

图4-2-2 对比案例：朱红服装意向

提示词生成案例 2

Avant-garde fashion installation, dramatic crimson fabric sculptures suspended in space, flowing vermillion textiles frozen in motion, Paolo Roversi lighting aesthetic, contemporary art direction, editorial quality.

前卫时装装置艺术，戏剧性的深红色织物雕塑悬浮在空间中，动态凝固的朱红色纺织品，保罗·罗韦西的照明美学风格，当代艺术指导，编辑质感（图4-2-2）。

传统色彩组合

要点提示词:

- 典型搭配：青花瓷配色（blue and white porcelain colors）、红金皇家配色（red and gold imperial palette）、水墨色调（ink and wash tones）、五彩配色（five-color wucai palette）。
- 材质关联：陶瓷釉面（ceramic glaze）、漆面质感（lacquer finish）、丝绸质感（silk texture）、矿物颜料（mineral pigments）、玉质感（jade-like finish）、青铜锈色（bronze patina）。
- 风格定义：文人风格（literati style）、皇家美学（royal aesthetics）、民间艺术色彩（folk art colors）、寺庙色彩（temple colors）、书斋配色（scholar's studio palette）。
- 历史演变：古代青铜色系（ancient bronze palette）、唐代明艳色（Tang dynasty brightness）。

图4-2-3 青花主题

提示词生成案例 3

Cinematic art piece, massive floating porcelain-inspired forms shattering in ultra slow-motion, electric cobalt pigments dispersing through crystalline white space, Wong Kar-wai's chromatic intensity meets Hui Chi Lee's contemporary ceramics, Christopher Doyle cinematography quality, ethereal particles, dramatic studio lighting, shot on ARRI Alexa 65, ultra high-end art direction.

电影艺术作品，巨大的仿瓷造型在超慢动作中破碎，电光般的钴蓝色颜料在晶莹的白色空间中扩散，王家卫的色彩强度与李慧琪的当代陶瓷艺术相融合，杜可风级别的电影摄影质感，空灵的粒子，戏剧性的棚拍灯光，使用ARRI Alexa 65摄制，顶级艺术指导（图4-2-3）。

提示词生成案例 4

Epic scale art installation, monumental ink streams suspended in time-frozen cascade, Hsiao-Hsien Hou's atmospheric mastery meets Zao Wou-Ki's abstract expressionism, swirling mist and light beams, Chinese landscape essence reimagined through contemporary lens, museum-scale dramatic lighting, fine art cinematography, rendered in IMAX quality.

史诗般规模的艺术装置，宏伟的水墨流在时间凝固的瀑布中悬浮，侯孝贤的氛围掌控与赵无极的抽象表现主义相融合，旋转的薄雾与光束，通过当代视角重新诠释的中国山水精髓，博物馆级别的戏剧性照明，艺术电影摄影，IMAX级别的画质呈现（图4-2-4）。

图4-2-4 对比案例：水墨主题

当代演绎

要点提示词：

- 现代转化：现代诠释（modern interpretation）、当代改编（contemporary adaptation）、现代化传统（updated traditional）。
- 材质创新：半透明（translucent）、金属质感（metallic）、哑光（matte）、肌理感（textured）。
- 风格融合：中西融合（East meets West）、传统与现代结合（traditional meets modern）、融合美学（fusion aesthetic）、跨文化设计（cross-cultural design）、全球影响（global influences）、传统再创造（heritage reinvention）、当代文化身份（contemporary cultural identity）。
- 创新表达：数字化传统（digital traditional）、重新想象的经典（reimagined classics）、传统未来主义（traditional futurism）、文化演变（cultural evolution）。

提示词生成案例 5

Contemporary fashion editorial, iridescent materials creating prismatic color explosions, sculptural metallic elements, Steven Klein bold lighting, futuristic art direction, haute couture as art installation.

当代时尚大片，虹彩材质创造棱镜般的色彩爆发，雕塑感的金属元素，史蒂文·克莱因大胆的灯光风格，未来主义艺术指导，将高级定制时装呈现为艺术装置（图4-2-5）。

图4-2-5 复杂色彩

图4-2-6 对比案例：简约色彩

提示词生成案例 6

Minimalist fashion art study, single pure color expressed through floating geometric textiles, Peter Lindbergh inspired simplicity, clean modernist composition, editorial fine art fusion.

极简主义时尚艺术研究，通过漂浮的几何织物表达单一纯色，受彼得·林德伯格启发的简约风格，清晰的现代主义构图，编辑与艺术的融合（图4-2-6）。

图4-2-10 平淡关系

提示词生成案例 4

Michael Haneke's 'Amour' inspired scene, elderly couple in sterile white apartment, harsh winter light through modernist windows, static wide shot showing emotional distance, Christian Berger's clinical framing, profound silence in composition, 65mm dramatic depth.

受米歇尔·哈内克《爱》启发的场景，老年夫妇在洁白无菌的公寓中，严冬的光线透过现代主义窗户，静态广角镜头展现情感距离，克里斯蒂安·伯格冷静的画面构图，构图中的深沉寂静，65mm电影胶片的戏剧性景深（图4-2-10）。

情感过渡的色彩控制

要点提示词：

- 过渡特征：色彩渐变（color progression）、情感过渡（emotional transition）、情绪梯度（mood gradient）、色调转换（tonal transformation）、色彩旅程（chromatic journey）。
- 空间序列：连续空间（sequential spaces）、相连房间（connected rooms）、空间流动性（spatial flow）、叙事路径（narrative pathway）、渐进环境（progressive environment）。
- 氛围变化：情绪变化（shifting mood）、氛围演变（evolving atmosphere）、动态情感（dynamic emotions）、转换氛围（transforming ambiance）。
- 色彩技巧：和谐过渡（harmonic transition）、互补转换（complementary shift）。

图4-2-11 渐进式情感

提示词生成案例 5

Alfonso Cuarón's 'Roma' inspired sequence shot, maid walking from warm kitchen through darkening courtyard into rain-soaked street, Emmanuel Lubezki's signature natural lighting, seamless transition from golden interior to steel-blue storm, fluid steadicam movement, deep focus detail.

受阿方索·卡隆《罗马》启发的长镜头，女佣从温暖的厨房穿过渐暗的庭院走进雨中的街道，埃曼纽尔·卢别兹基标志性的自然光线，从金色室内到钢蓝色暴雨的无缝过渡，流畅的稳定器运镜，深焦细节（图4-2-11）。

提示词生成案例 6

Paul Thomas Anderson's 'Magnolia' inspired parallel editing, rain-soaked LA streets - one storyline in red-lit jazz club with aging singer, cutting to son in blue-tinted hospital room, Robert Elswit's dramatic contrasts, emotional cross-cutting, anamorphic lens flares.

受保罗・托马斯・安德森《木兰花》启发的平行剪辑，被雨水浸透的洛杉矶街道——一条故事线在红光照耀的爵士俱乐部中展现年迈歌手，切到蓝色调医院病房中的儿子，罗伯特・埃尔斯维特戏剧性的对比，情感交叉剪辑，变形镜头的光晕效果（图4-2-12）。

图4-2-12 对比案例：鲜明情感对比

情感色彩的提示词组合策略和效果控制技巧见表4-2-3和表4-2-4。

表4-2-3 提示词组合策略

组合类型	组合结构	示例
情感色彩基础公式	情感属性+色彩特征+空间类型+氛围描述	亲密(intimate)+温暖琥珀色调(warm amber tones)+居住空间(living space)+舒适氛围(cozy atmosphere)
温暖情感组合	温暖情感词+暖色系+场景描述	温馨(welcoming)+金色调(golden hues)+家庭房间(family room)+充满活力(vibrant energy)
冷静氛围组合	冷静情感词+冷色系+空间感	静谧(serene)+薄雾蓝(misty blues)+冥想空间(meditation space)+空灵感(ethereal quality)

表4-2-4 效果控制技巧

调节目的	技巧描述	示例词汇
情感强度调节	通过对比词调整情感表达强度	微妙/强烈(subtle/intense)、柔和/戏剧化(gentle/dramatic)、柔和/大胆(soft/bold)、精致/强烈(delicate/powerful)
空间过渡增强	使用过渡词汇增加空间层次感	渐进的(gradual)、流动的(flowing)、连续的(sequential)、渐变的(progressive)、过渡的(transitional)
氛围营造深化	添加氛围词增强情感沉浸感	氛围(atmosphere)、情绪(mood)、环境感(ambiance)、感受(feeling)、情感质量(emotional quality)
情感明确化	加强特定情感描述词	温馨(cozy)、冥想的(meditative)、神秘的(mystical)、滋养的(nurturing)、暖心的(heartwarming)
色彩层次丰富	增加色彩层次词汇	渐变(gradient)、色调(hues)、对比(contrast)、色调变化(tonal variation)、色彩渐进(color progression)
过渡流畅化	添加渐变过渡词汇	渐变的(evolving)、过渡的(transitional)、融合的(blended)、和谐转变(harmonious shift)、流动变化(fluid change)

三、色彩层次的多维表达

在设计中，色彩层次不仅体现在明暗变化上，还包括饱和度、纯度等多个维度。通过Midjourney技术，我们可以快速探索复杂的色彩层次关系。

明度层次表达

要点提示词：

- 明度变化：色调变化(tonal variation)、由亮到暗(light to dark)、明度渐变(value progression)、亮度层级(brightness levels)、亮度范围(luminosity range)。
- 层次效果：渐变效果(gradient effects)、色调层次(tonal hierarchy)、明暗对比(value contrast)、阶梯式明度(stepped values)、渐进阴影(graduated shading)。
- 空间感：通过明度体现深度(depth through value)、大气透视(atmospheric perspective)、层次空间(layered space)、空间后退(spatial recession)、深度感知(depth perception)。
- 明度技巧：明暗对比法(chiaroscuro)、高调照明(high-key lighting)、低调效果(low-key effect)、色调压缩(tonal compression)、亮度映射(luminance mapping)。

图4-2-13 渐进式明度变化

提示词生成案例 1

Andrei Tarkovsky's 'Stalker' inspired scene, figures moving through abandoned industrial space from pitch darkness into ethereal light chamber, dust-filled sunbeams creating layered depth, gradual exposure shift revealing architectural details, Vadim Yusov's masterful zone system lighting, shot on large format with vintage Russian glass.

受安德烈·塔可夫斯基《潜行者》启发的场景，人物从漆黑的废弃工业空间移动到空灵的光亮厅堂，充满尘埃的阳光束创造层次深度，逐渐的曝光变化揭示建筑细节，瓦季姆·尤索夫大师级的区域系统打光，使用大画幅相机配复古俄罗斯镜头拍摄（图4-2-13）。

图4-2-14 对比案例：强烈明度对比

提示词生成案例 2

Film noir inspired by Orson Welles' 'Touch of Evil', dramatic night interrogation scene, single harsh spotlight cutting through dense shadows, venetian blind patterns creating stark geometric contrast, Gregg Toland's deep focus chiaroscuro, high contrast black and white timing.

受奥逊·威尔斯《邪恶之触》启发的黑色电影风格，戏剧性的夜晚审讯场景，单一强烈的聚光灯切透浓密阴影，百叶窗图案创造出鲜明的几何对比，格雷格·托兰德深焦的明暗对比，高对比度的黑白时间控制（图4-2-14）。

饱和度的层次控制

要点提示词：

- 饱和度变化：饱和度层级（saturation levels）、色彩强度（color intensity）、鲜艳到柔和（vivid to muted）、色彩渐变（chromatic progression）。
- 空间分区：通过饱和度进行空间分区（zoning through saturation）、色彩强度映射（intensity mapping）、色彩聚焦（color focus）。
- 视觉重点：视觉焦点（focal points）、色彩层级（color hierarchy）、视觉权重（visual weight）、色彩强调（chromatic emphasis）。
- 饱和度技巧：选择性饱和（selective saturation）、鲜艳度控制（vibrance control）、色度映射（chroma mapping）、亮色突出（pop of color）、去饱和技巧（desaturation technique）、色彩平衡（chromatic balance）。

图4-2-15 渐变饱和度

提示词生成案例 3

Vittorio Storaro's color mastery in 'The Conformist', protagonist walking from desaturated snow-covered exterior into richly colored fascist headquarters, political power expressed through increasing color intensity, precise color temperature journey, anamorphic composition.

维托里奥·斯托拉罗在《同流者》中的色彩大师手笔，主角从褪色的雪覆外景走进色彩浓郁的法西斯总部，通过递增的色彩强度表达政治权力，精确的色温变化历程，变形镜头构图（图4-2-15）。

图4-2-16 对比案例：区块饱和度对比

提示词生成案例 4

Pedro Almodóvar's 'Parallel Mothers' aesthetic, split-screen domestic scene-one half in muted morning kitchen light, other half in vivid flamenco red bedroom, bold color blocking inspired by Matisse, vibrant emotional contrast.

佩德罗·阿莫多瓦《平行母亲》的美学风格，分屏的家庭场景——一半在柔和的晨光厨房中，另一半在鲜艳的弗拉明戈红色卧室里，受马蒂斯启发的大胆色块，充满活力的情感对比（图4-2-16）。

复合层次系统

要点提示词：

- 多维变化：多维色彩（multi-dimensional color）、复杂色彩层次（complex color layers）、丰富的色彩深度（rich color depth）、色彩复杂性（chromatic complexity）。
- 系统整合：整合色彩体系（integrated color system）、和谐渐变（harmonious progression）、均衡变化（balanced variation）、色彩生态系统（color ecosystem）。
- 空间效果：空间色彩深度（spatial color depth）、立体色彩（dimensional color）、分层氛围（layered atmosphere）、环境色彩系统（environmental color system）。
- 层次组织：色彩分层（color stratification）、层级组织（hierarchical organization）、复杂秩序（complex order）、嵌套色彩关系（nested color relationships）。

图4-2-17 和谐复合层次

提示词生成案例 5

Blade Runner 2049 inspired neo-noir scene, vast atrium with multiple translucent layers-floating holographic advertisements casting cyan reflections, rain streaming down glass walls creating amber streaks, dust-filled spotlights piercing through different levels, Roger Deakins' masterful depth lighting, ancient stone walls meeting neon future, mist diffusing between layers, every depth revealing new color story, shot on ALEXA 65 with precise exposure zones.

《银翼杀手2049》激发的新黑色电影场景，宽阔的中庭空间中有多层半透明的结构——悬浮的全息广告投射出青色的倒影，雨水顺着玻璃墙流下，形成琥珀色的条纹，布满灰尘的聚光灯穿透不同的层次，罗杰·迪金斯大师级的景深光影，古老的石墙与未来的霓虹交融，雾气在层间弥漫，每一个深度都呈现出新的色彩故事，使用ALEXA 65摄影机，精确控制曝光区域（图4-2-17）。

提示词生成案例 6

Dario Argento's 'Suspiria' meets Christopher Nolan's 'Inception', occult dance performance in rotating prismatic chamber, multiple lighting sources battling through mirrors and crystal structures, kaleidoscopic color explosion, fractured reflections multiplying dancers, deep reds bleeding into electric blues while gold light shafts pierce through every layer, Hoyte van Hoytema's IMAX clarity meeting Luciano Tovoli's color horror, extreme technical precision.

达里奥·阿金托的《镇魂女子》与克里斯托弗·诺兰的《盗梦空间》相遇，在旋转的棱镜室内上演一场神秘的舞蹈表演，多重光源在镜面和水晶结构中激烈交锋，万花筒般的色彩爆发，支离破碎的倒影令舞者成倍增长，深沉的红色渗入电光蓝，金色光束穿透每一层空间，霍伊特·范·霍伊特马的IMAX清晰度与卢西亚诺·托沃利的色彩恐怖相融，展现出极致的技术精准（图4-2-18）。

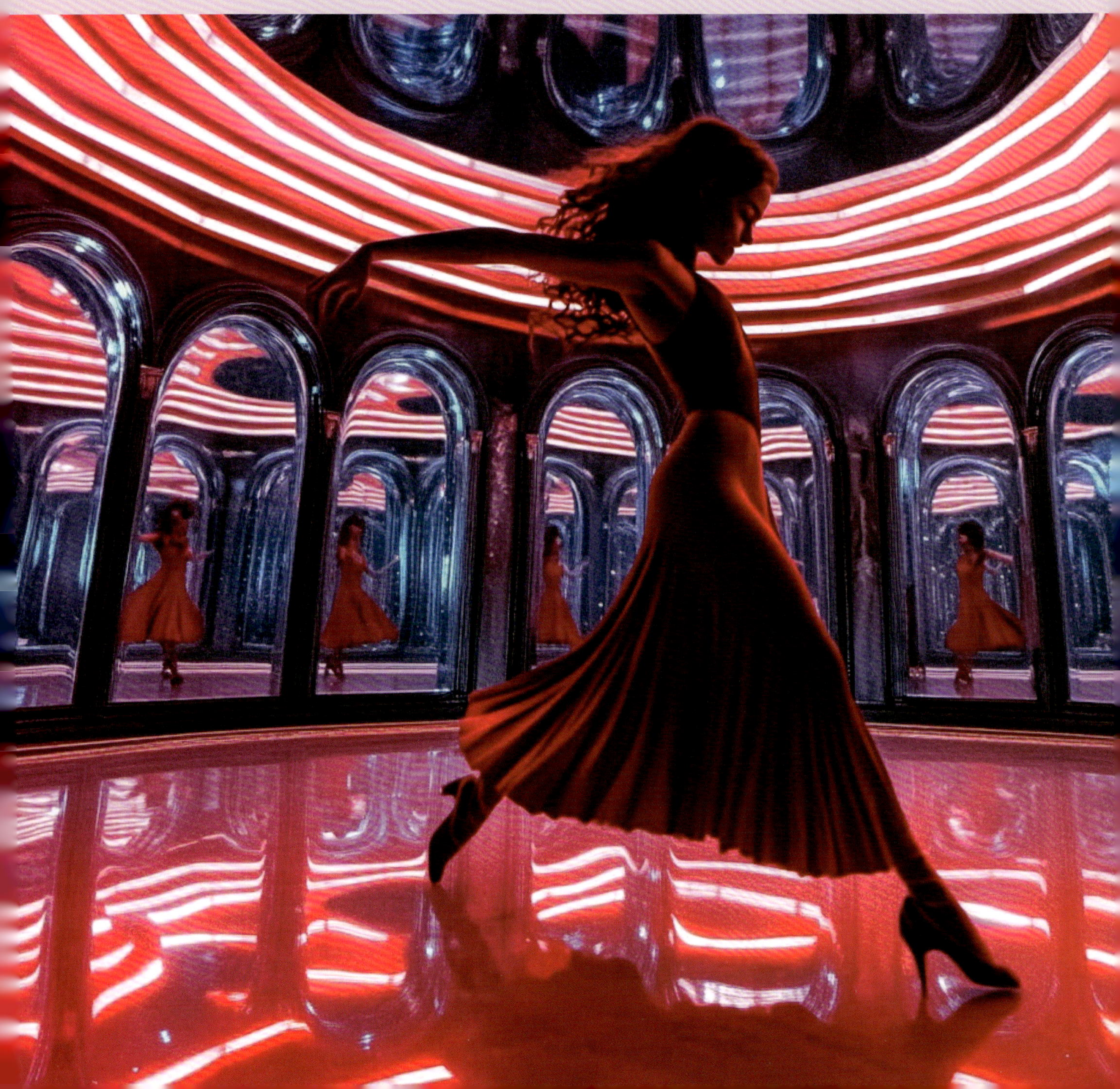

色彩层次对的提示词构建公式和效果调节技巧见表4-2-5和4-2-6。

表 4-2-5 提示词构建公式

组合类型	组合结构	示例
色彩层次基础公式	层次类型+变化特征+空间属性+设计风格	明度变化（tonal variation）+渐变过渡（graduated progression）+现代室内（modern interior）+精致设计（sophisticated design）
明度层次组合	明度词+变化方式+空间效果	由亮到暗（light to dark）+渐变过渡（gradual transition）+空间深度（spatial depth）
饱和度控制组合	饱和度词+焦点描述+视觉权重	饱和度层级（saturation levels）+鲜艳焦点（vivid focal points）+视觉层级（visual hierarchy）

表 4-2-6 效果调节技巧

调节目的	技巧描述	示例词汇
层次强度调节	使用对比词调整层次对比	微妙/戏剧化（subtle/dramatic）、柔和/大胆（gentle/bold）、微妙的/强烈的（nuanced/intense）、精致/强烈（delicate/powerful）
过渡方式控制	通过过渡词控制层次变化方式	渐进式（graduated）、明显（distinct）、整体协调（integrated）、平滑（smooth）、阶梯式（stepped）
复杂度调整	添加复杂度词调节视觉丰富度	简约（simple）、复杂（complex）、多维（multi-dimensional）、分层（layered）、丰富（rich）
明度层次强化	关注明度渐变实现深度和对比	由亮到暗（light to dark）、明度渐变（value progression）、色调映射（tonal mapping）、亮度层级（brightness levels）
饱和度重点突出	注重色彩强度变化突出重点	色彩强度变化（intensity variation）、色彩焦点（chromatic focus）、选择性饱和（selective saturation）、鲜艳度控制（vibrance control）
复合效果整合	强调整体协调使层次丰富统一	立体深度（dimensional depth）、整体协调（integrated systems）、统一复杂性（unified complexity）、和谐层次（harmonious layers）

图4-2-18 对比案例：戏剧性复合层次

第三节 氛围调控

氛围是光影与色彩的综合交响。本节以文化情境与功能需求为导向，结合材质反射、动态过渡等，探索从禅意静谧到都市活力的多维度氛围生成路径。

一、整体氛围的情境化建构

文化氛围营造

要点提示词：

- 文化属性：文化氛围（cultural atmosphere）、传统精髓（traditional essence）、传承氛围（heritage ambiance）、历史共鸣（historical resonance）、文化身份（cultural identity）。
- 空间特质：书院气质（scholarly）、皇家风格（imperial）、禅意（zen）、本土风情（vernacular）。
- 意境表达：诗意（poetic）、哲理（philosophical）、精神性（spiritual）、沉思的（contemplative）、超然的（transcendent）、和谐的（harmonious）、象征性的（symbolic）。
- 文化元素：文化元素（cultural motifs）、象征物件（symbolic objects）、传统工艺（traditional craftsmanship）、历史引用（historical references）、仪式元素（ritual elements）。

图4-3-1 雪夜归乡

图4-3-2 禅意简约

提示词生成案例 1

Inspired by Raise the Red Lantern, ancient courtyard in blue hour snow, single red lantern illuminating centuries of history, Zhang Yimou's ceremonial precision, deep shadows holding ancestral secrets, Zhao Xiaoding's masterful atmospheric cinematography, layer upon layer of cultural weight, shot on large format with vintage anamorphic.

灵感来自《大红灯笼高高挂》，蓝色时分的古老庭院被雪覆盖，一盏红灯点亮数百年的历史，张艺谋仪式般的精准，深沉的阴影蕴藏着祖先的秘密，赵小丁大师级的氛围电影摄影，一层层文化的重量叠加，使用大幅面胶片和复古变形镜头拍摄（图4-3-1）。

提示词生成案例 2

Ozu's Late Spring aesthetic, minimalist temple interior at dawn, single shaft of light revealing floating incense smoke, geometric shadows from shoji screens, perfect symmetry in composition, measured stillness, profound sense of time, static wide shot on 50mm.

小津安二郎《晚春》的美学风格，黎明时分极简主义的寺庙内部，一道光线穿透，照亮飘动的香烟，障子屏风投射出几何形状的阴影，构图中完美的对称，沉稳的静止感，深邃的时间感，使用50毫米定焦镜头拍摄的静态宽景（图4-3-2）。

功能性氛围塑造

要点提示词：

- 功能定位：工作空间（workspace）、居住空间（living space）、展览（exhibition）、待客空间（hospitality）、教育环境（educational environment）。
- 行为引导：社交互动（social interaction）、私人静修（private retreat）、正式聚会（formal gathering）、协作工作（collaborative work）。
- 情感基调：专业感（professional）、放松（relaxing）、充满活力（energetic）、亲密氛围（intimate）、高效氛围（productive）、沉思氛围（contemplative）。
- 环境控制：功能性照明（functional lighting）、基于活动的设计（activity-based design）、行为提示（behavioral cues）、环境控制（ambient control）。

图4-3-3 活力办公空间

提示词生成案例 3

Chazelle's La La Land inspired modern office space, California morning light flooding open-plan creative studio, sunbeams catching floating design sketches, young creatives collaborating at communal tables, Linus Sandgren's optimistic natural lighting, color splashes from mood boards and artworks, anamorphic widescreen warmth, energetic yet focused atmosphere.

查泽尔《爱乐之城》风格的现代办公空间，加州晨光倾泻在开放式创意工作室，阳光捕捉飘动的设计草图，年轻创意人才在公共办公桌上协作，利努斯·桑德格伦乐观而自然的光影，来自情绪板和艺术作品的色彩飞溅，变形镜头宽银幕的温暖质感，充满活力又专注的氛围（图4-3-3）。

提示词生成案例 4

Sofia Coppola's Lost in Translation aesthetic, minimalist hotel room high above Tokyo at dusk, figure silhouetted against vast city lights, Lance Acord's intimate framing, cool blue hour glow meeting warm interior lights, profound sense of personal sanctuary within urban chaos.

索菲亚·科波拉《迷失东京》的美学风格，黄昏时分高层酒店房间的极简主义空间，一个人影轮廓被广阔的城市灯光勾勒，兰斯·阿科德亲密的构图，冷蓝色的昏光与室内温暖的灯光交融，在都市混沌中营造出深刻的个人避风港感觉（图4-3-4）。

图4-3-4 对比案例：静谧休息空间

二、多元素综合的氛围塑造

光影色彩的和谐统一

要点提示词：

- 整体协调：harmonious environment（和谐环境）、balanced atmosphere（平衡氛围）、integrated elements（整体协调元素）
- 层次变化：depth through light and color（通过光与色彩塑造深度）、atmospheric layers（层次氛围）、spatial progression（空间递进）
- 视觉韵律：rhythmic patterns（韵律图案）、visual flow（视觉流动性）、compositional harmony（构图和谐）

图4-3-5 柔和对比

提示词生成案例 5

Inspired by Krzysztof Kieś lowski's Three Colors: Blue, young family breakfast scene in Parisian apartment, early morning light filtering through lace curtains, steam rising from coffee cups, child's homework scattered on wooden table, mother plaiting daughter's hair, dust motes dancing in sunbeams, soft focus 50mm Leica Summilux, natural color science.

受克日什托夫·基耶斯洛夫斯基《蓝白红三部曲》启发的场景，巴黎公寓里的年轻家庭早餐时刻，晨光透过蕾丝窗帘，咖啡杯上升起的蒸汽，孩子的作业散落在木制桌面上，母亲正在为女儿编辫子，阳光中飞舞的尘埃，使用柔焦50毫米徕卡Summilux镜头，呈现出自然的色彩科学（图4-3-5）。

提示词生成案例 6

Michael Mann's Collateral-inspired urban night, neighborhood café closing time, harsh fluorescent interior contrasting with soft street lamp glow, final customer lingering over coffee while staff clean, reflections in rain-streaked windows, steam rising from vents, Dion Beebe's mix of digital clarity and noir atmosphere, anamorphic lens character.

迈克尔·曼《借刀杀人》风格的城市之夜，邻里咖啡馆打烊时分，刺眼的荧光灯内部与街灯柔和的光芒形成强烈对比，最后一位顾客依然慵懒地品咖啡，员工开始打扫，雨水划过的窗户映射出模糊的倒影，蒸汽从通风口升起，迪恩·比比将数字清晰度与黑色电影氛围完美融合，变形镜头独特的画面质感（图4-3-6）。

图4-3-6 对比案例：戏剧性对比

材质与氛围的呼应

要点提示词：

- 材质特征：丰富的质感（textural richness）、材质互动（material interplay）、表面质感（surface quality）、触感变化（tactile variation）、材质对比（material contrast）。
- 光影反应：光反射（light reflection）、阴影图案（shadow patterns）、材质对光影的反应（material response）、半透明效果（translucent effects）、表面亮度（surface luminosity）。
- 情感联系：触觉舒适感（tactile comfort）、材质温度感（material warmth）、质感深度（textural depth）、感官参与（sensory engagement）、材质心理学（material psychology）。
- 空间关联：材质语境（material context）、质感叙事（textural storytelling）、环境融合（environmental cohesion）、空间物质性（spatial materiality）。

图4-3-7 自然材质

提示词生成案例 7

Inspired by Terrence Malick's Tree of Life, modernist home at sunrise, interplay of rough stone walls, aged wood beams, and floor-to-ceiling glass, morning light creating layered reflections, dew drops on window panes, Emmanuel Lubezki's masterful natural lighting, children's bare feet on warm wooden floors, coastal wind moving linen curtains, deep focus capturing material details, shot on 65mm with natural color science.

受特伦斯·马利克《生命树》启发的场景，日出时分的现代主义住宅，粗糙的石墙、陈旧的木梁与落地玻璃交相辉映，晨光创造出层次丰富的倒影，窗格上的晨露，伊曼纽尔·卢贝兹基大师级的自然光影，孩子们赤脚踩在温暖的木地板上，海岸微风拂动亚麻窗帘，深景捕捉细微的质感细节，使用65mm胶片和自然色彩科学拍摄（图4-3-7）。

图4-3-8 对比案例：工业材质

提示词生成案例 8

David Fincher's Panic Room precision, ultra-modern penthouse at twilight, contrasting surfaces-polished concrete against brushed steel, rain streaming down glass walls, LED strips reflecting off chrome fixtures, Jeff Cronenweth's technical perfection, water droplets beading on metallic surfaces, city lights creating abstract patterns, clinical composition with RED Monstro clarity.

大卫·芬奇《紧急房间》般的精准风格，黄昏时分的超现代顶层公寓，对比鲜明的表面——抛光混凝土与拉丝钢材交织，雨水顺着玻璃墙流淌，LED灯带在铬合金装饰上折射，杰夫·克鲁嫩沃斯的技术完美主义，水滴在金属表面形成珠状，城市灯光创造出抽象图案，以RED Monstro摄影机捕捉的临床化构图（图4-3-8）。

氛围营造的提示词构建公式和效果调节技巧见表4-3-1和4-3-2。

表4-3-1 提示词构建公式

组合类型	组合结构	示例
氛围营造基础公式	空间属性+氛围特征+材质光影+情感表达	当代空间（contemporary space）+和谐氛围（harmonious atmosphere）+丰富材质感（textural richness）+精致氛围（sophisticated mood）
文化氛围组合	文化属性+氛围效果+光影特征	传统环境（traditional setting）+传承氛围（heritage ambiance）+柔和漫射光（soft diffused light）
功能氛围组合	功能描述+空间特质+情感基调	专业工作空间（professional workspace）+聚焦照明（focused lighting）+高效氛围（productive atmosphere）

表4-3-2 效果调节技巧

调节目的	技巧描述	示例词汇
氛围强度调节	通过对比词调整氛围表现强度	微妙/强烈（subtle/intense）、安静/戏剧化（quiet/dramatic）、柔和/大胆（gentle/bold）、低调/表现力强的（understated/expressive）
空间性质定义	使用功能词确定空间用途特征	社交/私密（social/private）、正式/休闲（formal/casual）、活跃/沉思（active/contemplative）、共享/个人（communal/personal）
文化倾向突出	添加文化属性词强化文化特征	传统/现代（traditional/modern）、古典/当代（classical/contemporary）、地方性/全球性（regional/global）、传承/创新（heritage/innovative）
氛围统一增强	强化整体协调词提升一致性	和谐（harmonious）、整体性（integrated）、平衡（balanced）、凝聚力（cohesive）、统一表达（unified expression）
层次感提升	增加层次描述词丰富空间感	空间深度（spatial depth）、分层光照（layered lighting）、层次氛围（atmospheric layers）、维度存在感（dimensional presence）
材质感增强	添加材质互动词增强质感表现	材质互动（material interplay）、表面质感（surface quality）、光线反射（light reflection）、触感存在（tactile presence）

提示词生成案例 9

Inspired by Carol's apartment in The Talented Mr. Ripley, intimate evening music room, jazz record spinning in corner, single art deco lamp casting amber shadows, cigarette smoke curling through warm light, John Seale's sophisticated old-money atmosphere, hidden stories in every shadow, shot on 35mm with subtle Kodak color.

灵感来源于《天才雷普利》中卡罗尔的公寓，私密的傍晚音乐室，角落里旋转的爵士唱片，单一装饰艺术灯具投射琥珀色阴影，烟雾在温暖的光线中盘旋，约翰·西尔复杂的老钱氛围，每个阴影中隐藏的故事，使用35mm胶片拍摄，带有微妙的柯达色彩（图4-3-9）。

图4-3-9 氛围营造

第五章
构图布局

构图与布局是设计逻辑的视觉化呈现，关乎形式美学与功能效率的平衡。本章以经典构图法则（如黄金分割、三分法）为基础，融合Midjourney工具的智能化生成技术，重构比例、透视与分区的设计范式。从静态网格到动态序列，从平面排版到空间引导，本章通过“形式逻辑-视觉引导-功能优化”三层结构，为海报设计、建筑空间及信息可视化提供兼具理性与创意的解决方案。

第一节 经典构图法则的智能实现

经典构图法则在数字化时代焕发新生。本节以几何逻辑、视觉权重与动态平衡为核心，解析Midjourney如何转化提示词内的黄金螺旋、三分网格等传统规则。通过案例对比，构建“数学比例+空间张力+功能适配”的复合构图模型。

一、形式逻辑中的比例与结构

比例是构图的数学根基。本节以黄金螺旋、对称网格为例，探讨Midjourney如何将斐波那契数列、视觉权重分配转化为设计语言，平衡美学与功能需求。

要点提示词：

- 几何关系：几何和谐（geometric harmony）、黄金比例（golden ratio）、三分法（rule of thirds）、神圣比例（divine proportion）、动态对称（dynamic symmetry）。
- 平衡原则：构图平衡（compositional balance）、视觉权重（visual weight）、对称分布（symmetrical distribution）、不对称平衡（asymmetrical balance）。
- 形式美感：美学比例（aesthetic proportion）、数学和谐（mathematical harmony）、结构韵律（structural rhythm）、比例关系（proportional relationships）。
- 构图技巧：构图框架（compositional framework）、比例系统（proportional system）。

提示词生成案例 1

Award-winning film festival poster, perfect golden spiral composition with large title typography following Fibonacci curve, dramatic portrait emerging from spiral center, secondary text elements placed precisely at 1.618 ratio points, pure black background with white and gold typography, spiral visual flow emphasized by subtle grid lines showing golden sections, supreme mathematical harmony.

获奖电影节海报，以完美的黄金螺旋构图，大型标题排版沿随斐波那契曲线，从螺旋中心浮现出戏剧性的肖像，次要文字元素精确置于1.618黄金比例点上，纯黑色背景搭配白色和金色字体，通过细微的网格线展示黄金分割，从而强调螺旋的视觉流动，呈现出至高无上的数学和谐（图5-1-1）。

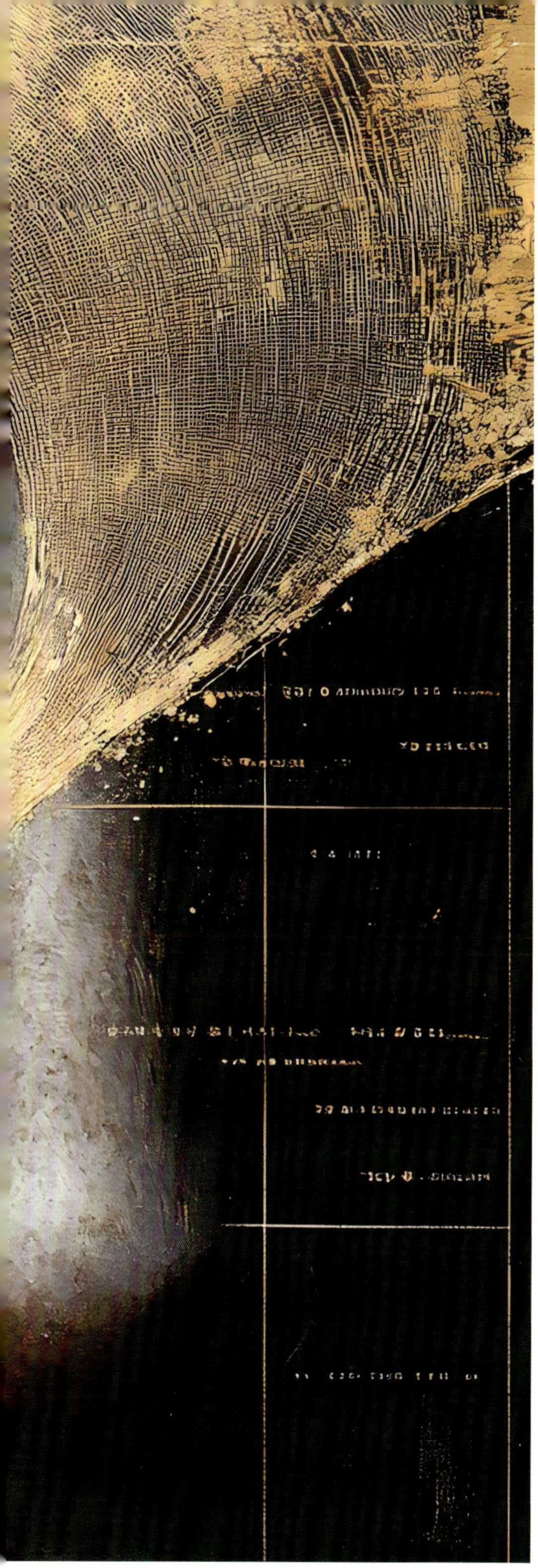

图5-1-1 黄金分割

图5-1-2 对比案例：三分构图

提示词生成案例 2

Modern fashion magazine cover, stark three-by-three grid with visible intersection points, main portrait positioned in left third, bold masthead occupying top third, dynamic typography aligned precisely to third points, perfect rule of thirds demonstrated through color blocking in black white and red, intersection points highlighted by key design elements.

现代时尚杂志封面，清晰可见交叉点的三乘三网格，主要肖像位于左侧三分之一区域，粗体标题占据顶部三分之一空间，动态排版精确对齐三分点，通过黑白红色的色块完美展示三分法构图原则，关键设计元素在交叉点上突出强调（图5-1-2）。

二、视觉引导中的焦点强化

焦点是构图的灵魂。本节通过Z形动线、中心辐射等案例，解析Midjourney如何结合光影对比、色彩强调与透视变形，实现从平面海报到空间序列的视觉引导设计。

要点提示词：

- 焦点塑造：视觉焦点（focal emphasis）、视觉权重（visual weight）、注意力层级（attention hierarchy）、主导元素（dominant element）、构图锚点（compositional anchor）。
- 引导手法：方向引导（directional flow）、视线移动（eye movement）、引导线（leading lines）。
- 对比强化：戏剧化对比（dramatic contrast）、色彩点缀（color accent）、光线聚焦（light focus）、策略性对比（strategic contrast）、隔离技巧（isolation technique）。
- 焦点技巧：选择性细节（selective detail）、焦点操控（focus manipulation）、层级组织（hierarchical organization）、视觉磁性（visual magnetism）、注意力控制（attention control）。

图5-1-3 多焦点引导

提示词生成案例 1

Avant-garde arts magazine cover, dynamic Z-pattern layout with strategic focal points at corners, experimental typography creating visual journey through page, contrasting size and weight to establish clear hierarchy, intentional white space leading eye movement, modernist design precision.

前卫艺术杂志封面，以动态Z形布局，战略性地在四角设置焦点，实验性的排版引导读者在页面上展开视觉旅程，通过对比字体大小和粗细建立清晰的层次感，蓄意的留白引导视线流动，体现现代主义设计的精准（图5-1-3）。

图5-1-4 对比案例：中心焦点引导

提示词生成案例 2

Premium drama movie poster, powerful central portrait radiating outward with light beams, all typography and design elements creating circular motion toward center, vignette darkening edges to emphasize focal point, monochromatic color scheme with single red accent at focus point, supreme cinematic contrast.

高端戏剧电影海报，中央肖像向外辐射光线，所有排版和设计元素形成环绕中心的循环运动，晕影暗化边缘以强调焦点，单色配色方案，在焦点处唯一点缀红色，展现出至高无上的电影式对比效果（图5-1-4）。

三、复合构图的实验与优化

结合多种构图法则，生成更复杂的布局方案，为设计提供多样化选择。

要点提示词：

- 构图叠加：层次构图（layered composition）、多重原则（multiple principles）、综合法则（integrated rules）、重叠系统（overlapping systems）、构图融合（compositional fusion）。
- 平衡处理：动态平衡（dynamic balance）、视觉配重（visual counterweight）、和谐张力（harmonious tension）、可控不对称（controlled asymmetry）。
- 复杂关系：构图复杂性（compositional complexity）、结构层级（structural hierarchy）、有序混乱（organized chaos）、可控的复杂性（controlled intricacy）、刻意复杂（deliberate complexity）、有序的无序（ordered disorder）、结构化自由（structured freedom）。
- 高级技巧：多中心构图（polycentric composition）、嵌套层级（nested hierarchies）、节奏对位（rhythmic counterpoint）、融合原则（converging principles）。

图5-1-5 几何网格复合构图

提示词生成案例 1

International film festival poster, minimalist black background, large film title 'RESONANCE' in white Helvetica, festival dates and venue information, director's name, laurel awards symbols, hero actress portrait in monochrome, all elements arranged in strict geometric grid combining golden ratio and rule of thirds, mathematical precision in layout, high contrast black and white with single red accent.

国际电影节海报，极简主义的黑色背景，白色Helvetica字体大写标题“共鸣”（RESONANCE），节日日期和场地信息，导演姓名，桂冠奖标志，单色调的女主角肖像，所有元素严格按照结合黄金分割率和三分法的几何网格排列，布局呈现数学般的精准，黑白高对比色调，并在特定位置点缀单一的红色强调（图5-1-5）。

传统色彩的提示词构建公式和效果技巧见表4-2-1和表4-2-2。

表4-2-1 提示词构建公式

组合类型	组合结构	示例
传统色彩基础公式	文化属性+主色调+材质特征+设计风格	传统（traditional）+青玉色（jade green）+釉面质感（glazed texture）+现代诠释（modern interpretation）
色彩文化组合	文化关键词+传统色系+经典搭配	皇家风格（imperial style）+朱红与金（vermillion and gold）+漆面质感（lacquer finish）
当代演绎组合	传统元素+现代材质+创新表现	文人气质（scholarly aesthetic）+墨黑（ink black）+哑光质感（matte texture）+极简设计（minimalist design）

表4-2-2 效果调节技巧

调节目的	技巧描述	示例词汇
色彩强度调节	使用对比词调节色彩层次	鲜艳/柔和（vibrant/muted）、大胆/低调（bold/subtle）、浓郁/淡雅（rich/soft）、强烈/精致（intense/delicate）
文化氛围增强	添加文化属性词强化传统感	传统（traditional）、古典（classical）、当代（contemporary）、皇家（imperial）、文人（scholarly）
材质效果精调	通过材质词精准调整视觉质感	釉面（glazed）、哑光（matte）、金属（metallic）、半透明（translucent）、肌理感（textured）
文化感增强	增加传统色彩关键词	朱红（vermillion）、青玉（jade）、赭黄（ochre）、钴蓝（cobalt）、墨黑（ink）、青瓷色（celadon）
现代感提升	添加当代材质描述	半透明（translucent）、金属（metallic）、哑光（matte）、复合（composite）、极简（minimalist）
协调性优化	参考经典搭配调整色彩关系	青花瓷配色（blue and white porcelain colors）、红金皇家配色（red and gold imperial palette）、水墨色调（ink and wash tones）

二、情感渲染中的色彩应用

冷暖色调通过饱和度与明度变化传递情感张力。本节以电影级色彩叙事为参照，提炼“情感属性+光影配合+空间场景”的Midjourney公式，实现从温馨私密到疏离冷峻的情感场景构建。

温暖系情感表达

要点提示词：

- 色彩特征：暖色调（warm tones）、金色调（golden hues）、落日色系（sunset colors）、大地色系（earthy palette）、琥珀色调（amber glow）、赭红色调（terracotta tints）。
- 情感属性：温馨（welcoming）、亲密（intimate）、舒适（cozy）、充满活力（vibrant）。
- 光影配合：温暖光晕（warm glow）、柔和光辉（soft radiance）、柔和照明（gentle illumination）、漫散温暖（diffused warmth）、金色背光（golden backlighting）。
- 质感表现：丝绒感（velvety）、柔焦（soft focus）、触感温暖（tactile warmth）、舒适肌理（comforting textures）、温和对比（gentle contrast）。

图4-2-7 亮色温暖

图4-2-8 活力欢聚空间

提示词生成案例 1

Cinematic moment, daughter resting head on mother's shoulder in fading sunset light, dust-filled rays streaming through lace curtains, intimate kitchen scene, golden hour warmth wrapping faces, Terrence Malick's 'Tree of Life' emotional resonance, Roger Deakins' masterful natural lighting, ARRI Alexa 65 with vintage anamorphic lenses.

电影般的瞬间，女儿在落日余晖中将头靠在母亲肩上，充满尘埃的光束透过蕾丝窗帘流泻而入，温馨的厨房场景，黄金时分的暖光笼罩着面庞，特伦斯·马力克《生命之树》般的情感共鸣，罗杰·狄金斯大师级的自然光线运用，ARRI Alexa 65搭配复古变形镜头（图4-2-7）。

提示词生成案例 2

Epic street celebration scene, child being lifted above crowd at magic hour, sea of glowing red lanterns illuminating joyful faces, Wong Kar-wai's 'In the Mood for Love' color richness, Christopher Doyle's handheld intimacy, burst of confetti catching light, raw cinematic energy.

史诗般的街头庆祝场景，孩子在魔幻时分被举过人群，海洋般的红色灯笼照亮欢乐的面庞，王家卫《花样年华》般的浓郁色彩，杜可风手持摄影的亲密感，迸发的彩纸在光线中闪烁，原始的电影能量（图4-2-8）。

冷色系情感营造

要点提示词：

- 色彩特征：冷色调（cool tones）、海洋蓝（oceanic blues）、薄雾灰（misty greys）、月光色系（moonlight colors）、冰蓝色（icy blues）、铂金高光（platinum highlights）。
- 情感属性：静谧（serene）、沉思的（contemplative）、优雅的（elegant）、神秘的（mysterious）。
- 空间氛围：宁静（tranquil）、空灵（ethereal）、冥想感（meditative）。

图4-2-9 孤独时刻

提示词生成案例 3

David Lynch's 'Mulholland Drive' inspired night scene, woman in blue silk dress alone at art deco diner counter, 3AM fluorescent lights cutting through cigarette smoke, reflection fractured in chrome surfaces, Peter Deming's surreal noir lighting, haunting Badalamenti atmosphere.

受大卫·林奇《穆赫兰道》启发的夜景，穿蓝色丝绸裙的女子独自在装饰艺术风格的餐馆吧台前，凌晨三点的荧光灯穿透香烟烟雾，倒影在铬金属表面上破碎，彼得·戴明超现实的黑色电影灯光，巴达拉曼缇令人难忘的氛围（图4-2-9）。

提示词生成案例 2

International film festival poster, 'RESONANCE' title in white Helvetica, festival dates, venue information, director's name, laurel awards and actress portrait, arranged in dynamic spiral composition, text flowing around portrait in circular motion, black background and monochrome palette with red accent.

国际电影节海报，白色Helvetica字体的“共鸣”（RESONANCE）标题，节日日期、场地信息、导演姓名、桂冠奖标志和女主角肖像，采用动态螺旋构图，文字以环形运动方式环绕肖像，黑色背景和单色调配色，红色点缀（图5-1-6）。

图5-1-6 对比案例：动态流动复合构图

第二节 空间与透视

空间透视是设计深度与叙事张力的核心载体。本节以消点控制、尺度对比与动态视角为技术支点，结合Midjourney工具的多维模拟能力，探索从二维平面到三维空间的透视转化逻辑。通过仰视的宏伟张力、鸟瞰的全局掌控，以及层叠结构的深度表达，构建兼具数学精确性与艺术表现力的空间叙事体系。

一、透视关系的空间层次优化

本节以单一层次与多重层次的对比实验，解析如何通过Midjourney参数（如环境光遮蔽、景深模糊）强化空间纵深感，实现视觉秩序重构。

要点提示词：

- 空间层次：空间深度（spatial depth）、层次透视（layered perspective）、大气距离感（atmospheric distance）、深度平面（depth planes）、空间后退（spatial recession）。
- 消点控制：消失点（vanishing points）、透视控制（perspective control）、空间收敛（spatial convergence）、线性透视（linear perspective）、透视锚点（perspective anchor）。
- 尺度关系：尺度层级（scale hierarchy）、比例递进（proportional progression）、维度流动（dimensional flow）、相对尺寸（relative sizing）、尺度过渡（scalar transition）。

提示词生成案例 1

Minimalist magazine cover design, clean three-layer composition-bold masthead in front, single portrait in middle, large article text in back, pure black and white, Swiss typography, clear spatial separation.

极简主义杂志封面设计，采用简洁的三层构图——前景为粗体标题，中景为单一肖像，背景为大型文章文字，纯黑白色调，瑞士排版，清晰的空间分隔（图5-2-1）。

图5-2-1 单一层次

图5-2-2 对比案例：多重层次

提示词生成案例 2

Minimalist magazine cover design, seven distinct overlapping layers-floating masthead, split portrait across multiple depths, article text weaving between layers, transparent typography creating additional planes, same black and white palette, same content but complex spatial arrangement.

极简主义杂志封面设计，七个不同的重叠图层——悬浮的标题，跨越多个深度的分割肖像，文章文字穿梭于各层之间，透明的排版创造额外的平面，保持黑白调色，内容相同但空间安排更为复杂（图5-2-2）。

二、动态透视的多视角生成

视角的动态切换赋予设计多维叙事可能。本节以仰视的戏剧性张力与俯瞰的全局掌控为例，探讨Midjourney如何将非常规视角转化为设计语言，为电影海报、空间装置提供突破性的视觉策略。

要点提示词：

- 视角变化：角度变化（angle variation）、视点转换（viewpoint shift）、透视动态（perspective dynamics）、动态构图（dynamic framing）、非常规视角（unconventional viewpoint）。
- 空间张力：空间张力（spatial tension）、戏剧化角度（dramatic angles）、强迫透视（forced perspective）、夸张深度（exaggerated depth）、空间扭曲（spatial distortion）。
- 尺度对比：尺度对比（scale contrast）、比例戏剧性（proportional drama）、空间维度冲击（dimensional impact）、戏剧性缩放（dramatic scaling）。

图5-2-3 仰视视角

提示词生成案例 1

Dramatic movie poster design, extreme upward perspective of architectural elements, towering typography vertically arranged following perspective lines, human figure at bottom creating monumental scale, forced perspective distortion, high contrast black and white, modernist composition.

戏剧性的电影海报设计，以极端的向上透视角度呈现建筑元素，沿透视线垂直排列的高耸字体，底部的人形剪影营造出宏伟的尺度感，强制透视的变形效果，黑白高对比，现代主义构图（图5-2-3）。

提示词生成案例 2

Dramatic movie poster design, bird's eye view composition looking down, same architectural elements and typography seen from above, same human figure now diminished in scale, geometric patterns radiating from top perspective, identical black and white treatment, modernist composition.

戏剧性的电影海报设计，以鸟瞰视角俯瞰，同样的建筑元素和字体从上方观看，人形剪影此时显得微小，几何图案从顶部视角向外辐射，保持黑白处理，现代主义构图（图5-2-4）。

图5-2-4 对比案例：俯瞰视角

第三节 平面布局的平衡与优化

一、排版分区的逻辑优化

内容分区的核心是视觉效率。本节以动态对角线布局与严格网格系统的对比为例，揭示Midjourney如何通过参数化控制（如旋转角度、模块比例）实现信息层级的清晰划分，同时保留设计的动态生命力，满足从商业报告到艺术海报的多元需求。

要点提示词：

- 内容分区：内容分区（content zoning）、版面分区（layout sections）、信息分组（information grouping）、空间组织（spatial organization）、内容模块（content modules）。
- 层级关系：字体层级（typographic hierarchy）、内容优先级（content priority）、视觉结构（visual structure）、信息架构（information architecture）。
- 阅读流程：阅读流向（reading flow）、信息序列（information sequence）、内容导航（content navigation）、视觉旅程（visual journey）、引导式浏览（guided scanning）。
- 信息组织：数据关系（data relationship）、内容对齐（content alignment）、信息聚类（information clustering）、视觉语法（visual syntax）。

图5-3-1 开放流动

提示词生成案例 1

Complex information design with identical content, dynamic diagonal typographic arrangement, text blocks and charts rotated at 15 and 45 degrees creating visual movement, same Helvetica family but set in energetic angles, maintaining same black white red palette, grid transformed into flowing angular composition.

复杂的信息设计，使用相同内容，动态对角线排版布局，文本块和图表以15°和45°度旋转，创造视觉流动感，使用相同的Helvetica字体家族，但以充满活力的角度设置，保持黑白红配色，网格转化为流动的角度构图（图5-3-1）。

图5-3-2 对比案例：明确分区

提示词生成案例 2

Complex information design poster, modernist diagram layout with strict grid system, multiple content sections (main article, infographics, data tables, statistical charts, sidebar information) organized in mathematical grid structure, 12-column layout with clear gutters, content ranging from full-width to quarter-width modules, black and white with red accent colors, Helvetica hierarchy from 8pt to 48pt, precise geometric separations.

复杂的信息设计海报，现代主义图表布局采用严格的网格系统，多个内容区块（主文章、信息图表、数据表格、统计图表、侧边栏信息）按照数学网格结构组织，12列布局并有清晰的间距，内容从全宽到四分之一宽度的模块，黑白配色并点缀红色强调，Helvetica字体层级从8pt到48pt，精确的几何分割（图5-3-2）。

二、美学与功能的融合表达

设计的终极目标是美学与功能的共生。本节通过案例对比，解析Midjourney如何将枯燥的图表转化为几何艺术，或通过精准的留白与字体层级强化信息可读性，为设计师提供从企业年报到展览视觉版面的提示词参考。

要点提示词：

- 形式美学：美学和谐（aesthetic harmony）、视觉诗意（visual poetry）、艺术功能性（artistic functionality）、精致美学（refined aesthetics）、表现性设计（expressive design）。
- 实用逻辑：实用优雅（practical elegance）、功能美学（functional beauty）、目的性设计（purposeful design）、高效美学（efficient aesthetics）、理性创造力（rational creativity）。
- 整体平衡：整体平衡（integrated balance）、形式追随功能（form follows function）、统一表达（unified expression）、和谐融合（harmonious integration）。
- 设计哲学：有意义的美学（meaningful aesthetics）、有目的的美（purposeful beauty）、有意识的和谐（intentional harmony）、情境设计（contextual design）。

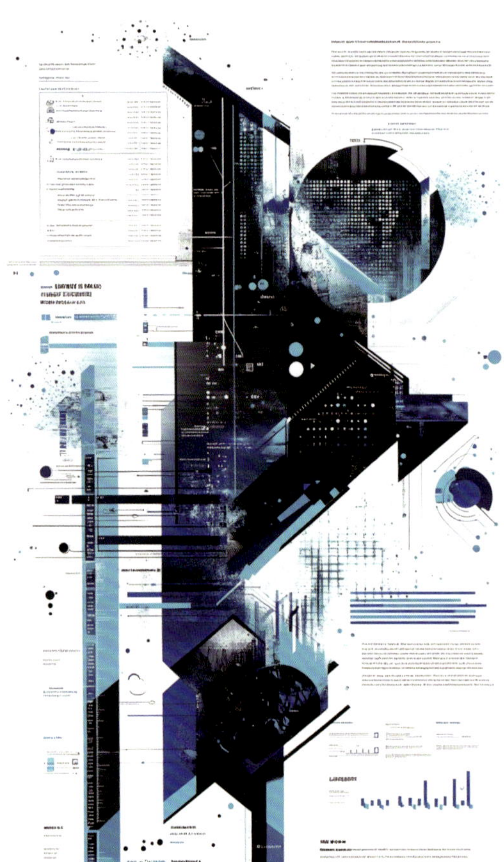

图5-3-3 对比案例

提示词生成案例 1

Annual report design poster with identical content (3 infographics, 5 data tables, quarterly highlights and timeline), Helvetica and blue-black palette, but composed as sculptural typography arrangement, charts transformed into geometric art while maintaining data accuracy, dramatic use of scale and white space, modernist artistic interpretation of corporate data.

年度报告设计海报，内容相同（3个信息图表，5个数据表格，季度亮点和时间线），使用Helvetica字体和蓝黑配色，但以雕塑般的排版布局呈现，图表转化为几何艺术同时保持数据准确性，戏剧性使用比例和留白，公司数据的现代主义艺术诠释（图5-3-3、图5-3-4）。

图5-3-4 对比案例：艺术化表达的布局

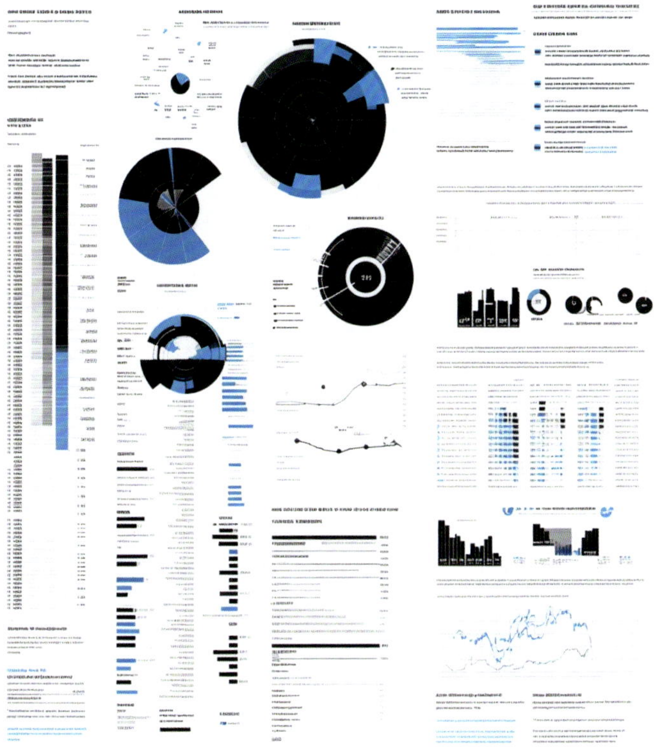

图5-3-5 年度报告设计海报1

提示词生成案例 2

Minimalist annual report poster, clean infographic layout: 3 abstract charts (circle, bars, lines), simplified data tables, small sidebar with key highlights, thin timeline below. Strict typographic hierarchy, monochrome black and blue, lots of white space, Swiss design influence

极简风年度报告海报，干净的信息图表布局：3个抽象图表（圆形、柱状、折线）、简化数据表格，小型侧栏展示关键亮点，底部细线时间轴。严格的字体层级，黑白蓝单色调，大量留白，瑞士设计风格影响（图5-3-5）。

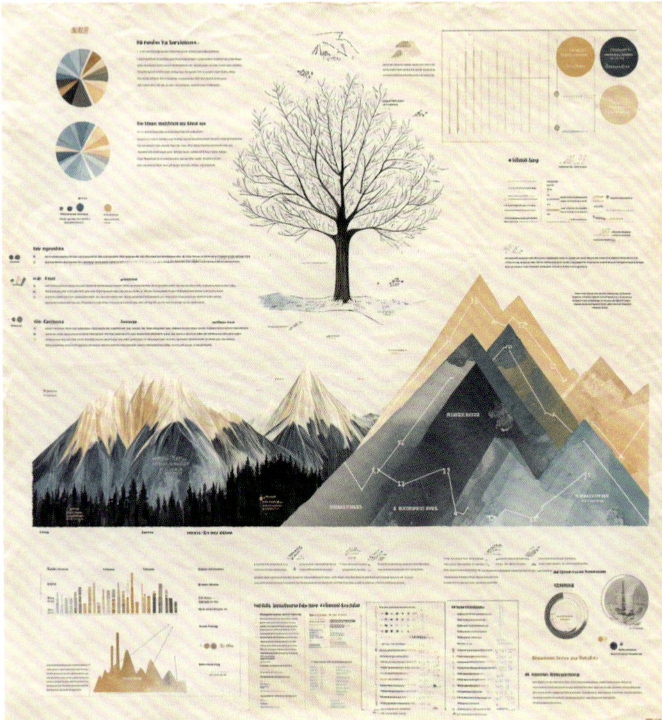

图5-3-6 年度报告设计海报2

提示词生成案例 3

full-screen of a Human-centered poster design with 3 organic infographics (hand-sketched revenue tree, watercolor growth mountains, woven comparison threads). Soft-grid layout containing 5 linen-textured data tables, handwritten quarterly notes in kraft paper sidebar, embroidered milestone ribbon along footer. Warm charcoal typography with earthy blue accents, subtle paper texture background, asymmetrical balance with hand-drawn diagram elements.

全屏视角的人文风格海报设计，包含3个有机信息图表（手绘收入树、水彩增长山峦、编织对比线条）。软网格布局，内含5个亚麻纹理数据表格，牛皮纸侧栏手写季度备注，底部绣线里程碑缎带。暖炭灰色字体搭配大地蓝点缀，背景带有微妙纸张纹理，手绘图表元素形成不对称平衡（图5-3-6）。

构图的提示词组合策略和效果调节技巧见表5-3-1和表5-3-2。

表5-3-1 提示词组合策略

组合类型	组合结构	示例
构图基础公式	构图原则+空间特征+视觉效果+摄影语言	黄金比例（golden ratio）+现代主义空间（modernist space）+戏剧化光影（dramatic lighting）+电影级构图（cinematic composition）
形式美学组合	形式法则+视觉平衡+专业效果	比例设计（proportional design）+平衡的不对称（balanced asymmetry）+专业构图（professional framing）
动态视觉组合	方向性词+动态特征+空间关系	方向引导（directional flow）+动态张力（dynamic tension）+立体深度（dimensional depth）

表5-3-2 效果调节技巧

调节目的	技巧描述	示例词汇
构图强度调节	使用对比词调节视觉张力	微妙/戏剧化（subtle/dramatic）、刚性/流动（rigid/fluid）、规整/有机（formal/organic）、可控/自然（controlled/spontaneous）
空间感控制	通过空间描述词控制层次感	深邃/扁平（deep/flat）、开放/私密（open/intimate）、广阔/局限（expansive/confined）、分层/统一（layered/unified）
视觉效果增强	添加对比词突出视觉特点	锐利/柔和（sharp/soft）、静态/动态（static/dynamic）、大胆/低调（bold/understated）、几何/有机（geometric/organic）
构图清晰化	强化基础构图原则	三分法（rule of thirds）、对称（symmetry）、引导线（leading lines）、黄金比例（golden ratio）、视觉平衡（visual balance）
层次感提升	增加空间深度描述	空间深度（spatial depth）、大气透视（atmospheric perspective）、层次构图（layered composition）、维度关系（dimensional relationship）
功能性强化	加强实用性表达	目的性设计（purposeful design）、功能美学（functional beauty）、视觉层级（visual hierarchy）、有意识的构图（intentional framing）

第六章
艺术风格

第一节 风格纵览

要在Midjourney中灵活调用各类艺术风格，首先需要对历史上的主要风格演变有系统性认知。不同风格之间往往存在因社会、技术、思想变革而引发的过渡或反叛关系。表6-1-1对从古典主义到当代的部分风格流派作了简要梳理，帮助大家快速建立时间轴概念。

表6-1-1 艺术风格分类与对比表

时间	风格	特征	典型的代表关键词
公元前3000年—公元5世纪	古典主义（Classicism）	强调理性、对称、和谐，人体比例与结构的完美再现，追求简洁美学，注重自然与真实的表现。	古希腊、古罗马、理性、和谐、对称、人体美学
17世纪—18世纪中叶	巴洛克（Baroque）	强调戏剧性、动感、情感的表现，构图复杂，色彩鲜艳，明暗对比强烈。	戏剧性、动态、情感、明暗对比、张力、复杂
18世纪末—19世纪中叶	浪漫主义（Romanticism）	强调个体情感、自然崇拜与想象力，反对理性主义，展现自然景观与历史主题的戏剧性与激情。	情感、想象力、自然崇拜、戏剧性、个体主义
19世纪中叶—19世纪末	现实主义（Realism）	注重真实再现，反映普通人的生活，拒绝理想化与浪漫化。	真实、社会生活、劳动、写实、反理想化
19世纪末—20世纪初	印象派（Impressionism）	关注光影变化与色彩的瞬间感知，强调感官体验，拒绝细节再现。	光影、色彩变化、瞬间感知、松散笔触、感官体验
20世纪初—20世纪中期	抽象艺术（Abstract Art）	通过非具象形式表达情感或理念，摒弃传统具象再现，强调形式、色彩与线条的纯粹性。	几何形状、非具象、色块、线条、抽象表现
20世纪初—20世纪中期	表现主义（Expressionism）	强烈的情感冲击，通过夸张色彩、扭曲形态与情感的表达，常带有极强的内心世界表现。	色彩夸张、内心情感、形态扭曲、情感冲击
20世纪初—20世纪中期	超现实主义（Surrealism）	强调梦境、潜意识与幻想的表现，作品充满不合逻辑的组合与荒诞的情境。	梦境、潜意识、幻想、荒诞、不合逻辑
20世纪中期—21世纪初	波普艺术（Pop Art）	将大众文化元素（如广告、漫画、消费品）转化为艺术，强调对商业化文化的反思，风格鲜明、色彩明快。	大众文化、消费品、商业化、明亮色彩、讽刺
19世纪末—20世纪中期	现代主义（Modernism）	强调突破传统，创新与简洁，追求形式的纯粹性与功能性，反映工业化、城市化与社会变革。	简洁、创新、功能性、几何、工业化、城市化
20世纪中期至今	当代艺术（Contemporary Art）	强调跨学科、多样性与实验性，艺术家关注全球化、身份、政治与社会议题，涵盖多种流派与风格。	跨学科、多样性、实验性、全球化、社会议题、身份

在熟悉这条时间轴后，设计师可根据项目需求选择某一时期或流派的典型元素，通过Midjourney的提示词与参数进行提炼和再生，甚至可以跨越时空将不同风格特征融汇到同一作品中，实现颇具冲击力的美学混搭。

第二节 古典主义（Classicism）

一、风格定义

古典主义是指源自古希腊与古罗马艺术传统的艺术风格，其特点是强调理性、对称、和谐与自然的再现，追求完美的形式与简洁的美学。在古典主义中，艺术创作的核心是对比例和结构的严谨把控，体现出自然界中数学与几何法则的完美运作。古典主义的艺术作品往往表现出人体的理想化，并强调通过艺术表现理性与秩序。

古典主义在文艺复兴时期达到了一个高峰，尤其在达・芬奇、米开朗琪罗和拉斐尔等大师的创作中，这种对完美比例、线条和几何的追求成为了西方艺术的基石。古典主义的理念在17世纪的新古典主义中重新复兴，尤其是在法国大革命后的艺术创作中，强烈反映了革命与理性思维的结合。

古典主义艺术追求的是形式上的均衡与和谐，反对过多的装饰与感性的表达。它强调对人体、空间和自然的精准描绘，并通过对称、均衡的手法来实现视觉的和谐感。这种风格在建筑、雕塑与绘画中都有着广泛的应用，尤其是比例的运用与空间的组织，是古典艺术的标志性特征。

二、重点关键词（表6-2-1）

表6-2-1 重点关键词

中文关键词	英文关键词	中文关键词	英文关键词
比例	proportion	和谐	harmony
平衡	balance	理想化	idealization
对称	symmetry	几何精准	geometric precision
古典形式	classical form	理性	rationality
简洁	simplicity	秩序	order
美学	beauty	自然主义	naturalism
人文主义	humanism	优雅	elegance
雕塑	sculpture	建筑	architecture
线性透视	linear perspective	数学形式	mathematical form
希腊影响	Greek influence	罗马影响	Roman influence

三、生成案例

图6-2-1 古典主义案例1

提示词生成案例 1

A statue of a perfect, muscular male figure, standing in a classical contrapposto pose, sculpted with idealized proportions and fine detail. The figure is depicted with a calm and composed expression, using soft, natural lighting to emphasize the smooth texture of the marble. Background in the style of a classical Greek temple with detailed columns and symmetry --ar 16 : 9 --v 6 --q 2 --stylize 500 --chaos 20.

一尊完美的男性雕像，肌肉发达，经典的对立站姿，比例理想，雕刻细致。雕像表情平静冷静，采用柔和的自然光线，突出大理石光滑的质感。背景呈现古典希腊神庙风格，细致的柱子和对称结构 --ar 16 : 9 --v 6 --q 2 --stylize 500 --chaos 20（图6-2-1）。

在这个生成案例中，我们通过以下方式体现了古典主义的核心特征：

比例与理想化：指令中特别强调了雕像的人体比例理想化与肌肉细节的精雕细刻，这符合古典主义对完美形态的追求。

和谐与对称：背景借鉴古典希腊神庙风格，柱子和结构的对称性突出体现了古典艺术的秩序与平衡。

简洁与自然光：通过自然光的使用，突出雕像表面光滑的质感，体现出古典主义强调简洁与自然的艺术风格。

线性透视与几何精准：雕像和背景的安排展示了线性透视的应用，使整个画面形成一个空间的深度感，符合古典艺术中对几何精准和空间秩序的重视。

提示词生成案例 2

A portrait of a young idealized man in the style of classical Greek sculpture, with flawless facial features, symmetrical proportions, and soft lighting that emphasizes the smooth texture of the skin. The figure exudes a sense of calm and wisdom, set against a minimalist classical Greek backdrop with simple columns and a cloudy sky. The atmosphere is ethereal, with a faint golden glow around the figure --ar 4 : 3 --v 5 --q 2 --stylize 800 --chaos 10.

一幅古典希腊风格的青年人物肖像，完美的面部特征，比例对称，柔和的光线突出皮肤的光滑质感。人物展现出宁静与智慧的气质，背景为简约的古典希腊建筑，简洁的柱子与多云的天空。气氛神圣，人物周围有淡淡的金色光环 --ar 4 : 3 --v 6.1 --q 2 --stylize 800 --chaos 10（图6-2-2）。

图6-2-2 古典主义案例2

提示词生成案例 3

A grand classical building with towering Doric columns and detailed sculptures above the entrance. The structure is perfectly symmetrical, with a vast open plaza in front. The architecture exudes power and order, illuminated by strong sunlight, casting deep shadows that enhance the grandeur of the structure. The sky is a deep blue, emphasizing the monumentality of the building --ar 16:9 --v 6.1 --q 2 --stylize 500 --chaos 10.

一座宏伟的古典建筑，耸立的多利安柱子和入口上方的精美雕塑。建筑结构对称，前方有广阔的广场。建筑体现出力量与秩序，强烈的阳光照射下，投下深邃的阴影，增强了建筑的宏伟感。天空呈深蓝色，突显建筑的纪实性 --ar 16:9 --v 6.1 --q 2 --stylize 500 --chaos 10（图6-2-3）。

图6-2-3 古典主义案例3

提示词生成案例 4

A classical oil painting of a noblewoman in flowing robes, standing gracefully with her hands clasped. The painting showcases her serene expression, with delicate detailing of her face and hair. The background features a classical architecture with columns and a calm river, with soft natural light highlighting the texture of the fabric and the elegance of the figure --ar 4 : 3 --v 6.1 --q 2 --stylize 1000 --chaos 5.

一幅古典油画，描绘一位穿着流动长袍的贵妇，优雅地站立，双手交叉。画作展示了她宁静的表情，精致的面部和发丝细节。背景为古典建筑，柱子和宁静的河流，柔和的自然光线突出长袍的质感与人物的优雅 --ar 4 : 3 --v 6.1 --q 2 --stylize 1000 --chaos 5（图6-2-4）。

图6-2-4 古典主义案例4

第三节 巴洛克（Baroque）

一、风格定义

巴洛克发端于17世纪的欧洲，伴随着宗教改革及王权集中，在艺术与建筑中展现出高度的戏剧性和奢华情调。巴洛克风格作品常常通过强烈的明暗对比（Chiaroscuro）、复杂的构图与动势，以及对空间和光线的巧妙运用来吸引观众的注意。它不仅在宗教绘画与宫廷装饰中占据重要地位，也影响了建筑、雕塑、音乐等各个领域。

在建筑中，巴洛克对立面、穹顶与柱廊进行曲线化或弧形化的处理，大量运用雕塑般的装饰与浮雕，以营造出动态与豪华的氛围。绘画和雕塑作品往往通过富有张力的构图与鲜明的色彩来表达强烈的情感、动感与宗教热情。在教堂的壁画或祭坛装饰中，天使、圣徒与云雾常常相互交织，形成仿佛空间被无限延伸的幻觉，让信徒感受到神圣与敬畏。

对于当代设计与AI创意而言，巴洛克风格的核心在于“戏剧性与奢华感”：它可以给观众带来震撼与沉浸的视觉体验，也常被应用于需要展现高端、贵气、盛大调性的场合，如时尚品牌形象设计、高级活动海报或奢侈品广告等。

二、重点关键词（表6-3-1）

表6-3-1 重点关键词

中文关键词	英文关键词	中文关键词	英文关键词
戏剧性光影	dramatic lighting	奢华	opulence
弧形线条	curved lines	明暗对比	chiaroscuro
宏大尺度	grand scale	动感	dynamic movement
华丽装饰	rich ornamentation	情感冲击	emotional impact
繁复细节	ornate detailing	螺旋柱	spiraling columns
大胆的色彩	bold colors	形体张力	tension in forms
幻象空间	illusionistic space	宗教主题	religious themes
皇家美学	regal aesthetics	丰富的曲线	voluptuous curves
丰富的纹理	rich textures	夸张运动	exaggerated motion
宏伟感	monumentality	装饰性花纹	ornamental flourish

三、生成案例

以下是巴洛克风格的生成实例，强调富有戏剧效果的光影、奢华细节和强烈的情感氛围，为读者展示如何利用Midjourney生成具有“巴洛克”视觉冲击力的图像。

加入强烈的情感（intense emotion）、戏剧化的光线（dramatic lighting）与华丽的丝绸（elaborate silk）等描述，让图像富含戏剧性。烛光与金色饰品强调巴洛克的奢华与光影对比效果。

提示词生成案例 1

A Baroque-style portrait of a regal woman dressed in elaborate silk and lace gown, her expression filled with intense emotion. Her pearls and golden jewelry reflect candlelight, and the background is a swirling tapestry of red and gold. Dramatic lighting highlights the folds of her dress and the tension in her posture --ar 4 : 3 --v 6.1 --q 2 --stylize 1000 --chaos 20.

一幅巴洛克风格的贵妇肖像，身着华丽的丝绸蕾丝礼服，神情中蕴含强烈情感。珍珠与金色饰品在烛光映照下闪耀，背景为红金交织的漩涡状挂毯。强烈的光线凸显礼服褶皱与姿态的张力 --ar 4 : 3 --v 6.1 --q 2 --stylize 1000 --chaos 20（图6-3-1）。

图6-3-1 巴洛克风格案例1

提示词生成案例 2

A grand Baroque altar scene with swirling cloud formations, gilded angels in flight, and a radiant burst of light from the heavens. Ornate pillars flank the altar, draped with rich velvet. The marble floor glistens under dramatic candlelit shadows, conveying a sense of divine awe --ar 16:9 --v 6.1 --q 2 --stylize 1000 --chaos 25.

宏伟的巴洛克式祭坛场景，云层翻涌，镀金的天使在空中飞舞，天国的光芒从高处绽放。两侧装饰华丽的立柱，配以厚重的天鹅绒装饰，烛光投射在闪亮的大理石地面上，营造出神圣的敬畏感（图6-3-2）。

通过“swirling cloud formations”“gilded angels”“radiant burst of light”等描绘来凸显强烈的宗教气氛和空间幻象。Baroque altar经典元素如gilded（镀金）、velvet（天鹅绒）进一步强化奢华与神圣感。巴洛克风格注重豪华、动势与强烈情感，在视觉上常常运用浓郁的色彩与鲜明的明暗对比，并使用复杂、曲线的装饰元素来产生戏剧化与华丽感。适用于需要呈现奢华、宗教或皇家氛围的设计，如高端产品包装、时尚大秀视觉、豪华酒店室内概念等。

在Midjourney等AI工具下，参数如--stylize与--chaos可以调高，结合“opulent”“dramatic”“ornate”等关键词，更轻松地激发巴洛克的视觉精髓。

图6-3-2 巴洛克风格案例2

图6-3-3 巴洛克风格案例3

提示词生成案例 3

A Baroque-style palace complex with curved facades adorned in white marble and golden reliefs, featuring massive Roman columns and swirling pediment decorations. Dramatically arched vaults and domes create striking perspective effects. At dusk, warm golden light contrasts dramatically against a deep blue sky. Captured through an ultra-wide-angle lens to emphasize the dynamic curvature of the architecture, rendered in 8K resolution to showcase intricate sculptural details. High-saturation colors amplify visual intensity, while a mirror-like pool at the base reflects the grandeur of the structures.

巴洛克风格宫殿建筑群，白色大理石与金色浮雕装饰的曲面外墙，巨型罗马柱与漩涡状山花装饰，强烈透视效果的拱顶穹隆，黄昏时分暖金色光线与深蓝色天空形成戏剧性对比，超广角镜头展现建筑群曲线动态，8k细节呈现雕塑装饰纹理，高饱和度色彩增强视觉冲击，建筑底部设置镜面水池反射倒影（图6-3-3）。

第四节 浪漫主义（Romanticism）

一、风格定义

浪漫主义大约兴起于18世纪末至19世纪中叶，是对启蒙运动与理性主义的反叛，提倡以个体情感、想象力与自然的崇拜为创作核心。浪漫主义艺术家坚信：理性不足以囊括世界的全部真理，只有通过主观情感、激情与对自然的敬畏，才能真实地呈现人的内心世界以及社会中潜藏的浪漫与冲突。

在绘画与文学中，浪漫主义常常以宏大的自然场景（如暴风雨、险峻山峰、汹涌海浪）以及激情澎湃的人物（如战斗场面、历史或神话题材）来表现强烈的情绪与自由精神。主题多关乎个人英雄主义、对未知与神秘的探索，以及对理想化自然或历史传奇的追寻。与巴洛克所呈现的奢华或古典主义的理性迥然不同，浪漫主义关注人的情感和个体体验，强调“人”在自然或社会中的“激烈对比”。

在当代设计与AI创意中，浪漫主义可用于突出情感冲击、戏剧化场景和壮丽的自然元素。诸如狂野的天空、迷雾中的群山、英雄般的人物姿态等，都能借助Midjourney的生成能力，让作品散发出震撼人心的美感与激情。

二、重点关键词（表6-4-1）

表6-4-1 重点关键词

中文关键词	英文关键词	中文关键词	英文关键词
强烈的情感	emotional intensity	想象力的自由	imaginative freedom
自然的壮丽	nature's grandeur	崇高感	sublime
个体主义	individualism	戏剧化的自然景观	dramatic landscape
激情	passion	神秘氛围	mysterious atmosphere
风暴般的天空	stormy sky	英雄人物	heroic figures
动态构图	dynamic composition	忧郁	melancholy
浪漫主义	romanticism	令人敬畏	awe-inspiring
神话元素	mythic elements	深刻的对比	deep contrast
诗意表达	poetic expression	废墟与遗迹	ruins & remnants
狂野的自然	wild nature	内在的波动	inner turmoil

三、生成案例

以下案例集中展示如何通过Midjourney生成富有浪漫主义色彩、极具艺术冲击力的画面。使用相对较高的stylize值与适度的chaos参数，能够为作品带来更夸张的情绪张力和戏剧化氛围。每则示例包含英语和对应的中文翻译，以便在创作时参考。

提示词生成案例 1

A high-fashion gown inspired by Romantic-era paintings, featuring cascading layers of soft chiffon in muted rose and dusk-blue tones. The bodice is adorned with delicate floral lace and lightly shimmering embroidery. Dramatic, candlelit runway with swirling mist, and the model stands with an air of poetic melancholy --ar 4 : 5 --v 6.1--q 2 --stylize 1000 --chaos 20.

一款灵感源自浪漫主义时期绘画的高级定制礼服，层叠的柔软雪纺以浅玫瑰色和暮蓝色交融。紧身胸衣部分饰有精致花卉蕾丝和微光刺绣。秀场背景为烛光照明，舞台上萦绕轻雾，模特以带有诗意忧郁的神态呈现 --ar 4 : 5 --v 5 --q 2 --stylize 1200 --chaos 20（图6-4-1）。

图6-4-1 浪漫主义案例1

提示词生成案例 2

A Romanticism-inspired perfume bottle with gracefully swirling glass form, tinted with soft pastel pink and lavender hues, accented by embossed silver filigree. The bottle rests on a vintage wooden dresser with a single candle casting flickering light. Wisps of gentle mist evoke a dreamy, poetic ambiance --ar 16 : 9 --v 6.1 --q 2 --stylize 1000 --chaos 30.

一款浪漫主义风格的香氛瓶，瓶体玻璃曲线优美，淡粉与浅紫渐变晕染，银色花纹浮雕环绕瓶颈。放置在古色木质梳妆台上，一支蜡烛微光闪烁，轻薄的雾气为画面增添梦幻而诗意的氛围 --ar 16 : 9 --v 6.1 --q 2 --stylize 1000 --chaos 30（图6-4-2）。

图6-4-2 浪漫主义案例2

提示词生成案例 3

A romantic Valentine's Day chocolate box with baroque-inspired floral patterns, swirling gold embossing, and velvet-textured surfaces in deep rose-red tones. Delicate ribbons arranged in dramatic curves, illuminated by a warm candlelight glow. Background shows scattered rose petals and subtle mist, accentuating an intimate, emotional atmosphere --ar 16:9 --v 6.1 --q 2 --stylize 1000 --chaos 25.

一个浪漫主义风格的情人节巧克力礼盒，带有巴洛克风的花卉图案、旋转的金色浮雕，礼盒表面呈深玫瑰红丝绒质感。点缀精致的丝带，以富有戏剧性的曲线装饰；整体在温暖的烛光下闪耀。背景散落玫瑰花瓣，并有淡淡的雾气，营造亲密而富情感的氛围 --ar 16:9 --v 6.1 --q 2 --stylize 1000 --chaos 25（图6-4-3）。

图6-4-3 浪漫主义案例3

图6-4-4 浪漫主义案例4

提示词生成案例 4

A dramatic Romantic-era inspired wristwatch with an ornate metallic case featuring swirling floral engravings, set against a moody background of stormy clouds. The watch face has delicate filigree hands and Roman numerals in antique gold finish. Subtle candlelight reflections highlight the craftsmanship, evoking a sense of heroic and nostalgic flair --ar 4 : 3 --v 6.1 --q 2 --stylize 900 --chaos 20.

一款戏剧化的浪漫主义腕表设计，金属表壳上雕有繁复的花卉图腾，背景是暗色的乌云天幕。表盘上使用罗马数字，指针以精致的花纹呈现，古典金色表面。微弱的烛光在表壳上闪耀，营造英勇而怀旧的氛围 --ar 4 : 3 --v 5 --q 2 --stylize 900 --chaos 20（图6-4-4）。

提示词生成案例 5

A series of holiday gift boxes wrapped in Romantic-era inspired paper, featuring vintage floral engravings in soft rose and mauve tones. Elegant ribbons tied in loose, cascading bows, and a gentle glow from hanging lanterns reflecting on the metallic embossing. The setting exudes a warm, nostalgic charm --ar 16:9 --v 6.1 --q 2 --stylize 1000 --chaos 20.

一组浪漫主义风格的节日礼品包装，包装纸印有复古花卉雕刻图案，配色以柔和玫瑰与浅紫为主。丝带缱绻地打成松散优雅的蝴蝶结，金属压纹在悬挂灯笼的微光下闪亮。整体氛围温暖，带有复古与怀旧的浪漫气息 --ar 16:9 --v 6.1 --q 2 --stylize 1000 --chaos 20（图6-4-5）。

图6-4-5 浪漫主义案例5

浪漫主义以感性、想象力与自然的雄伟为核心，脱离了古典主义的理性与秩序，也不再沉溺于巴洛克的奢华与宗教范式。它更多地反映了个体在激情与自然中的自由。对于现代设计与AI创作来说，浪漫主义为我们提供了以下启示：

情感张力：可利用强烈的情感冲突与动势来塑造具有冲击力的视觉作品。

自然景观：通过宏大的自然场景与浓重的环境氛围（如风暴、黄昏、雾气），展现浪漫主义式的崇高感。

自由想象：浪漫主义提倡打破理性桎梏，融合神话、传奇、英雄要素；在Midjourney等AI工具下可引发非凡的超现实创意。

第五节 现实主义（Realism）

一、风格定义

现实主义兴起于19世纪中叶，主张以真实再现社会生活和日常情境，反对理想化与浪漫化的艺术表现。与浪漫主义关注内心激情、神秘氛围不同，现实主义艺术家更强调对当下社会的客观、直接描述，关注普通人的境遇与社会问题。

在绘画领域，现实主义以朴素真实为美，往往聚焦平民劳动、社会底层、田园劳作等题材。艺术家们从想象和梦境转向实际生活的描绘，遵循理性观察和写生方式。代表人物如古斯塔夫·库尔贝（Gustave Courbet）、让·弗朗索瓦·米勒（Jean-François Millet）等，通过农民、工人的形象揭示社会现实与时代变迁。

对现代设计与AI创意而言，“现实主义”风格可使作品在视觉上更具可亲性与真实性，适合呈现人文关怀、生活气息或纪实性商业场景。例如，在产品展示、城市景观概念、社会题材插画等，需要传递真实感与亲切感的场合可借鉴现实主义元素。与Midjourney相结合，可利用精确细节描述，引导AI聚焦日常环境、写实光影与人文关怀的画面。

二、重点关键词（表6-5-1）

表6-5-1 重点关键词

中文关键词	英文关键词	中文关键词	英文关键词
写实描绘	realistic depiction	日常生活	everyday life
普通人	ordinary people	社会写照	social commentary
客观观察	truthful observation	自然光线	natural lighting
非理想化形态	unidealized form	真实情感	honest emotions
乡村场景	rural scenes	工业环境	industrial setting
低饱和度色调	subdued palette	细节还原	factual detailing
具象纹理	concrete textures	直接表现	direct representation
中性色调	neutral tones	社会政治议题	socio-political themes
真实氛围	authentic atmosphere	纪录风格	documentary style
朴素背景	plain background	土色系	earthy colors

三、生成案例

以下示例聚焦“现实主义”在AI图像生成中的具体应用场景，包括产品宣传、城市场景、人物肖像等。使用适度--stylize、较低--chaos并凸显朴实的色彩与真实光线，能强化画面的纪实感与亲近感。

提示词生成案例 1

A realistic fashion shoot for a casual summer dress made of lightweight cotton, with subtle floral prints. The model is outdoors in a sunlit garden, the background showing simple, everyday scenery—wooden fence, potted plants. Soft shadows highlight the comfortable, breathable nature of the fabric --ar 16 : 9 --v 6.1 --q 2 --stylize 250 --chaos 15.

一场写实风格的夏季连衣裙时尚摄影，裙子采用轻薄棉布，带有细腻的碎花图案。模特站在阳光充足的花园里，背景是朴素的木质栅栏与盆栽植物。柔和的阴影烘托出布料的透气性和舒适度 --ar 16 : 9 --v 6.1 --q 2 --stylize 250 --chaos 15（图6-5-1）。

图6-5-1 现实主义案例1

提示词生成案例 2

An elderly farmer with a wrinkled face working in a sunlit field during sunset, golden wheat fields in the background, birds flying home in the sky, warm overall tones, rich in detail, capturing the rustic and authentic essence of rural life --ar 16 : 9 --v 6.1 --q 2 --stylize 500 --chaos 20.

一位年长的农民，脸上布满皱纹，正在夕阳下的田野里劳作，背景是金色的麦田，天空中飞翔着归巢的鸟儿，整体色调温暖，细节丰富，体现出乡村生活的质朴与真实（图6-5-2）。

图6-5-2 现实主义案例2

图6-5-3 现实主义案例3

提示词生成案例 3

A hyper-realistic modern portrait of a young woman sitting alone in a dimly lit café, gazing through a rain-covered window. The neon city lights outside blur into abstract streaks, reflecting on the glass and merging with her melancholic expression. The wet glass distorts reality, emphasizing isolation and introspection. Every raindrop is detailed, the lighting soft yet dramatic, evoking an intimate and deeply human moment. Photorealistic, cinematic lighting, shallow depth of field --v 6.1 --ar 16 : 9 --q 2 --stylize 800 --chaos 20.

一幅超现实主义现代肖像，描绘一位独自坐在昏暗咖啡馆中的年轻女子，透过布满雨滴的玻璃窗凝视远方。窗外的霓虹城市灯光模糊成抽象的光带，映射在玻璃上，与她忧郁的神情交错，营造出现实扭曲的孤寂感。玻璃上的每一滴雨水细节清晰，光影柔和而戏剧化，捕捉了人类情感的微妙瞬间。摄影级现实主义，电影级光影，浅景深处理（图6-5-3）。

提示词生成案例 4

A hyper-realistic scene of a solitary figure standing in an expansive minimalist architectural space, where concrete walls stretch infinitely. The figure appears small against the brutalist geometry, emphasizing isolation and introspection. The composition is stark, with soft natural light filtering through narrow skylights, casting elongated shadows. The clean lines and muted tones create a poetic balance between space and solitude. Photorealistic, brutalist minimalism, cinematic lighting, extreme scale contrast, --v 6.1 --ar 21 : 9 --q 2 --stylize 850 --chaos 25.

一幅极简现实主义画面，展现一位孤独的行者站在庞大的极简主义建筑空间中，无限延伸的混凝土墙壁吞噬了他的存在，强化了孤独与沉思感。构图冷峻，柔和的自然光透过狭窄的天窗投下细长的阴影，整体呈现出极简而富有诗意的空间美学。摄影级现实主义，残酷主义极简建筑，电影级光影，极端空间比例对比（图6-5-4）。

图6-5-4 现实主义案例4

第六节 印象派（Impressionism）

一、风格定义

印象派是19世纪中期在法国兴起的艺术流派，强调对瞬间光影变化和色彩的感知表达，反对传统学院派的精细刻画与理性构建。印象派艺术家更多关注的是捕捉“瞬间印象”，即通过自然光线与色彩对比来呈现物体的感觉，而非严格的写实再现。其代表人物包括克劳德·莫奈（Claude Monet）、皮埃尔-奥古斯特·雷诺阿（Pierre-Auguste Renoir）等，他们通过松散的笔触和明亮的色彩来表现日常场景和大自然的瞬息变化。

印象派艺术不仅改变了绘画的表现方式，也影响了现代设计和视觉艺术的多种领域。尤其在室内设计、时尚设计和平面设计中，印象派的影响力尤为显著。在现代产品设计和艺术创作中，印象派的核心要素，如光影变化、色彩的瞬间捕捉，以及情感驱动的构图，被广泛借用并融合进更为现代的创意表达当中。

Midjourney作为AI图像生成工具，通过将“印象派”风格应用到设计中，可以创造出富有动感、色彩鲜艳的图像，带给用户一种生动、自由、瞬间捕捉的视觉体验。

二、重点关键词（表6-6-1）

表6-6-1 重点关键词

中文关键词	英文关键词	中文关键词	英文关键词
光与影	light & shadow	鲜艳色彩	vibrant colors
普通人	ordinary people	社会写照	social commentary
笔触	brushstroke	氛围效果	atmospheric effect
瞬间印象	momentary impression	自然景观	natural scenes
户外场景	outdoor scene	色彩对比	color contrast
快速笔触	quick brushwork	感官感知	sensory perception
印象派色彩调色板	impressionistic palette	朦胧的氛围	hazy ambience
闪烁的光线	flickering light	风景	landscape
自发的表现	spontaneous expression	自由流动的构图	free-flowing composition
日常生活	everyday life	时间感知	temporal perception
反射与水面	reflections & water	氛围景观	atmospheric landscape

三、生成案例

印象派风格的视觉效果注重色彩的瞬间表达与光影的活跃感，在产品设计、平面设计和时尚设计中，印象派风格能有效地展现出动感、自由与情感表达。以下是针对不同设计领域的生成案例，旨在展示如何在Midjourney中实现印象派风格的创作。

提示词生成案例 1

A vibrant impressionistic floral painting featuring blooming roses and daisies in soft pastel shades of pink, lavender, and yellow. The brushstrokes are loose and expressive, with vivid contrasts of light and shadow. The scene is bathed in dappled sunlight, with soft hues of green from the surrounding leaves --ar 4 : 3 --v 6.1 --q 2 --stylize 1000 --chaos 25.

一幅印象派风格的花卉插画，盛开的玫瑰与雏菊，色调柔和，粉色、薰衣草色和黄色交织。笔触松散且富有表现力，光与影的对比强烈。场景沐浴在斑驳的阳光下，周围的绿叶在柔和的光线中呈现出淡淡的绿色（图6-6-1）。

图6-6-1 印象派风格案例1

解析：

色彩与氛围：通过vivid contrasts和soft hues，创造出充满动感的色彩效果，突出印象派的色彩感知。

自由笔触：采用较高的stylize值，保持笔触的流动与自由，强调瞬间捕捉感。

提示词生成案例 2

A vibrant impressionistic summer dress design, with flowing fabric in warm tones of orange, gold, and soft teal. The model is walking on a sunlit beach, the dress swaying in the breeze. Loose brushstrokes capture the lightness of the fabric and the play of sunlight on the water. --ar 4 : 5 --v 6.1 --q 2 --stylize 900 --chaos 30.

一款印象派风格的夏季连衣裙设计，裙摆轻盈，色彩以橙色、金色和柔和的青绿色为主。模特走在阳光明媚的沙滩上，裙子随着微风轻轻摆动。松散的笔触捕捉到布料的轻盈感以及阳光在水面上的反射（图6-6-2）。

图6-6-2 印象派风格案例2

解析：

动态感与色彩：采用暖色调与sunlight的结合，创造出富有动感且富有情感表达的服装设计。

光影与自然背景：通过loose brushstrokes强调瞬间光影变化，符合印象派的核心特征。

提示词生成案例 3

Cyberpunk city within quantum nebula vortex, neon tubes twisting in Van Gogh's Starry Night brushstrokes, raindrops disintegrating into light particles via Seurat's pointillism, cyborgs trailing cobalt-blue afterimages from Monet's Water Lilies --ar 21 : 9 --style 6b --chaos 70.

量子星云漩涡中的赛博朋克都市，霓虹灯管以梵高《星月夜》笔触扭曲生长，雨幕用修拉点彩法分解为光粒子，赛博格们穿梭时拖拽出莫奈《睡莲》的钴蓝残影--ar 21 : 9 --style 6b --chaos 70（图6-6-3）。

图6-6-3 印象派风格案例3

解析：

印象派风格的核心特征：以色彩与光影为核心，通过松散的笔触来呈现场景中的瞬间印象，而非精确细致的画面再现。

印象派风格适合运用于自然景观、动态人物场景、轻松时尚等设计中，传递出瞬间的感官体验与情感表达。

第七节 抽象艺术（Abstract Art）

一、风格定义

抽象艺术是20世纪初期出现的一种艺术形式，旨在摒弃传统绘画中的具象再现，转而通过几何形状、线条、色块及其他非具象的元素来表达情感、思想或美学意图。与写实主义或浪漫主义强调对现实世界的再现不同，抽象艺术的核心在于“表现”而非“描绘”。这种风格常常依赖于纯粹的形式与色彩的冲突来唤起观众的情感反应。

抽象艺术突破了形象的限制，为艺术创作开辟了全新的维度。它不仅仅局限于静态的画面表达，也激发了现代设计、建筑、产品设计等领域的革新。由于不依赖具象形态，抽象艺术的表现力和符号性成为视觉艺术和现代设计语言的一个重要组成部分。代表性艺术家包括瓦西里·康定斯基（Wassily Kandinsky）、皮特·蒙德里安（Piet Mondrian）和马克·罗斯科（Mark Rothko）等，他们的作品在色块、几何结构和形式的运用上推动了艺术界的深刻变革。

在现代产品设计、平面设计和数字艺术中，抽象艺术经常被用来创造出独特、前卫且富有创意的设计，突破传统的视觉限制，赋予设计作品新的表达形式。

二、重点关键词（表6-7-1）

表6-7-1 重点关键词

中文关键词	英文关键词	中文关键词	英文关键词
几何形状	geometric shapes	色块	color blocks
线条构成	line composition	非具象的	non-representational
有机形态	organic forms	极简主义	minimalism
视觉和谐	visual harmony	解构主义	deconstruction
动态运动	dynamic movement	纹理与层次	texture & layers
情感表达	emotional expression	概念艺术	conceptual art
符号性解读	symbolic interpretation	自发构成	spontaneous composition
碎片化	fragmentation	抽象形态	abstract form
非客体艺术	non-objective art	实验性艺术	experimental art
色彩理论	color theory	平衡与不对称	balance & asymmetry

三、生成案例

抽象艺术的应用范围极其广泛，可以在产品设计、平面设计、服装设计以及现代艺术创作等多个领域展现其独特魅力。以下是针对不同领域的生成案例，展示如何在Midjourney中运用抽象艺术风格进行创意设计。

图6-7-1 抽象主义案例1

提示词生成案例 1

A modern abstract artinspired sofa design, featuring bold geometric shapes and primary colors such as red, blue, and yellow. The sofa's backrest and armrests are asymmetrical, with fragmented angular shapes that emphasize dynamic movement. The upholstery is smooth with contrasting textures, reflecting both simplicity and complexity --ar 16:9 --v 6.1 --q 2 --stylize 1000 --chaos 30.

一款现代抽象艺术风格的沙发设计，采用大胆的几何形状和红色、蓝色、黄色等原色。沙发的靠背和扶手不对称，碎片化的角度强调动态运动。沙发的面料光滑且具有对比纹理，体现了简洁与复杂的结合（图6-7-1）。

解析：

几何形状与原色的使用体现抽象艺术的形式语言。

不对称与动态运动反映了抽象艺术中的解构与表现力。

较高的stylize值使得沙发设计具有强烈的艺术感，同时保持了实际的家具功能。

提示词生成案例 2

An abstract art poster design featuring dynamic splashes of color and sharp geometric lines. The background is fragmented into layers of contrasting colors, with irregular shapes intersecting at various angles. The design conveys a sense of movement and energy, with no clear subject, focusing purely on color and form --ar 2 : 3 --v 6.1 --q 2 --stylize 1000 --chaos 50.

一张抽象艺术海报设计，充满动态色彩泼溅与锐利几何线条。背景被分割成对比鲜明的层次，不规则的形状在不同角度交错。设计传达了一种运动与能量的感觉，没有明确的主题，完全聚焦于色彩与形式的表现（图6-7-2）。

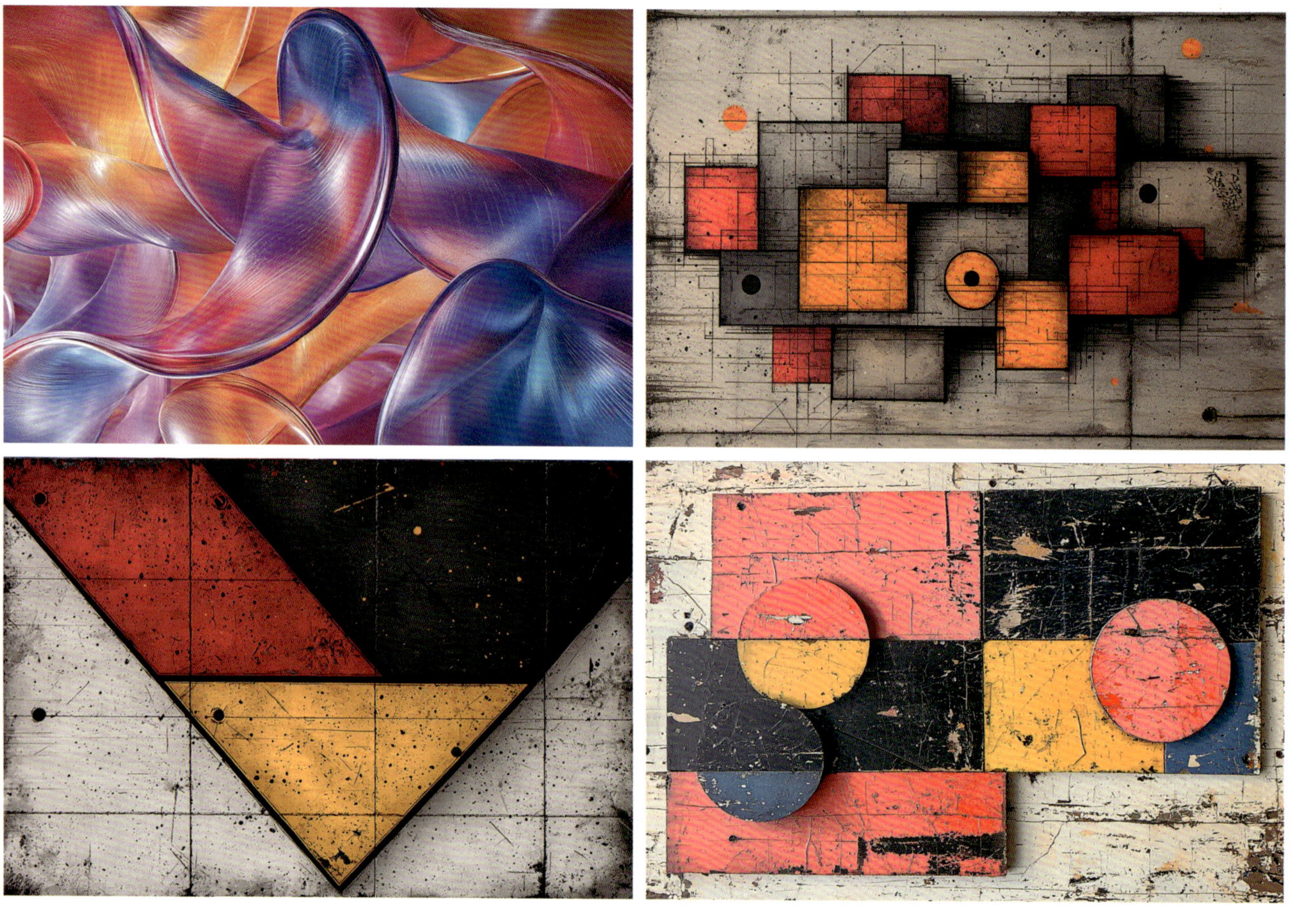

图6–7–2 抽象主义案例2

解析：

色块与几何线条展示了抽象艺术的经典手法，强调形式和结构的自由表达。

高chaos值增强了设计的冲击力和动态感，使得画面更加生动且不可预测。

提示词生成案例 3

A minimalist abstract art-inspired home décor arrangement with large geometric wall art, featuring overlapping shapes in a mix of bold red, black, and white. A modern sofa in neutral tones sits below the artwork, with abstract sculptures on either side. The lighting casts soft shadows, creating depth and complexity in the space --ar 16 : 9 --v 6.1 --q 2 --stylize 1000 --chaos 20.

一款受抽象艺术启发的现代家居装饰，墙面挂着大型几何艺术作品，交叠的形状以大胆的红色、黑色和白色为主。现代风格的沙发位于艺术作品下方，两侧摆放抽象雕塑。灯光投射出柔和阴影，增添空间的深度与复杂感（图6-7-3）。

图6-7-3 抽象主义案例3

几何艺术与色块的运用使空间既简洁又充满视觉冲击力。通过柔和阴影和丰富层次呈现出抽象艺术所强调的动感与情感传达。

抽象艺术的核心特征是强调通过几何形状、色块和线条来表现情感和思想，而非具体物体的再现。通过视觉冲击力与情感表达来影响观众，摒弃传统的具象绘画，走向自由与创新。高stylize值可以增强抽象艺术的艺术表现力和视觉张力。较高的chaos值能为作品增添更多创意和非预期的效果，让图像更加富有动感。

抽象艺术风格在产品设计和家居装饰等领域得到广泛运用，特别是在表达现代性、创新性和情感深度方面。使用抽象艺术不仅是打破传统设计的局限，也是对创意、个性和表现力的大胆挑战。通过结合现代技术与抽象艺术的理念，设计师可以利用Midjourney生成出符合当代审美的作品，将艺术与功能、情感与形式完美融合。

第八节 表现主义（Expressionism）

一、风格定义

表现主义起源于20世纪初，最初在德国兴起，强调通过扭曲的形态、夸张的色彩和强烈的情感表达内心世界。与印象派的自然主义与写实精神相对，表现主义的核心是表现主观情感，反对单纯的自然描绘，追求通过艺术作品传达情绪和心理状态。表现主义艺术家倾向于通过非自然的色彩、夸张的形状与扭曲的图像来表现人物的情感波动和精神困境。

表现主义不仅影响了绘画，也渗透到文学、戏剧和电影等领域。艺术家们通过夸张和抽象的手法来揭示人类内心深处的恐惧、焦虑、狂热以及其他强烈情感。例如，爱德华·蒙克（Edvard Munch）的《呐喊》便是表现主义的经典之作，通过扭曲的形态和鲜艳的色彩，展现了人物深深的恐惧感。

在现代设计领域，表现主义影响深远，尤其在广告设计、产品设计和数字艺术中，表现主义风格常被用来通过极端的视觉语言来传递情感、故事和态度。在Midjourney中，表现主义风格通过强烈的对比色、生动的笔触和视觉冲击力的手法，能够创造出引人注目的、富有戏剧性的设计作品。

二、重点关键词（表6-8-1）

表6-8-1 重点关键词

中文关键词	英文关键词	中文关键词	英文关键词
情感强度	emotional intensity	扭曲形态	distorted forms
鲜明色彩	bold colors	内心动荡	inner turmoil
夸张表现	exaggeration	表现优先于准确性	expression over accuracy
心理剧	psychological drama	强烈对比	intense contrast
超现实景观	surreal landscapes	碎片化	fragmentation
动态构图	dynamic composition	生理冲击	visceral impact
混乱氛围	chaotic atmosphere	符号性表现	symbolic representation
扭曲比例	distorted proportions	艺术自由	artistic freedom
不安定的张力	unsettling tension	心理深度	psychological depth
生动的笔触	vibrant brushstrokes	非自然光线	unnatural light

三、生成案例

表现主义风格的设计案例通常表现为强烈的情感冲击与视觉张力，通过夸张与扭曲的形式表达内心的情感波动，常用于广告设计、艺术海报、人物肖像以及空间设计等领域。在Midjourney中，通过对色彩、构图和光影的操控，可以生成具有强烈情感传递的作品。以下是针对不同领域的具体生成案例，展示表现主义在现代设计中的应用。

提示词生成案例 1

A bold and vibrant expressionist poster design for a psychological thriller film. The poster features a distorted, anguished face with exaggerated proportions, set against a chaotic, colorful background. Strong contrasts of red, black, and yellow are used to create a sense of psychological turmoil and intense emotion --ar 4 : 5 --v 6.1 --q 2 --stylize 1300 --chaos 40.

一张大胆且充满活力的表现主义风格心理惊悚电影海报。海报中的扭曲、痛苦的面孔具有夸张的比例，背景充满混乱和鲜艳的色彩。强烈的红色、黑色和黄色对比突显出心理动荡与强烈的情感（图6-8-1）。

图6-8-1 表现主义案例1

解析：

色彩与对比：使用强烈的红色、黑色与黄色，反映表现主义的情感强度与强烈冲击力。

扭曲形态：通过人物的面孔扭曲和夸张比例来传达人物的心理动荡。

高stylize值和高chaos值确保了海报的视觉冲击力和艺术性。

提示词生成案例 2

An expressionist-inspired furniture piece, featuring a sculptural chair with exaggerated curves and sharp angles. The chair is painted in bold, contrasting colors like deep red, black, and gold. The shape is dynamic, with the backrest resembling a twisted form, and the legs appear to be in motion, creating an unsettling and dramatic effect --ar 4 : 5 --v 5 --q 2 --stylize 1100 --chaos 30.

一款受表现主义启发的家具设计，雕塑般的椅子拥有夸张的曲线与尖锐角度。椅子采用鲜明对比的颜色，如深红、黑色和金色。椅子的形态动态十足，靠背呈现扭曲的形式，椅腿似乎在运动，带有不安定的戏剧效果（图6-8-2）。

解析：

动态与夸张：椅子的设计带有夸张曲线和尖锐角度，体现表现主义对形态的扭曲与夸张。

色彩冲突：通过深红、黑色与金色的强烈对比增加情感冲击力。

stylize值和chaos值确保设计的艺术张力与不安定感。

图6-8-2 表现主义案例2

提示词生成案例 3

An expressionist-style cityscape at night, featuring tall skyscrapers with distorted, wavy outlines, casting long shadows across a chaotic street. The buildings are lit with vivid neon lights, and the street is filled with abstract shapes of cars and pedestrians. Strong contrast of dark blues and neon pinks evoke a sense of unease and intensity --ar 16 : 9 --v 6.1 --q 2 --stylize 1000 --chaos 45.

一幅表现主义风格的城市夜景，高楼大厦的轮廓扭曲、波浪形状，投下长长的阴影在混乱的街道上。建筑被鲜艳的霓虹灯照亮，街上充满了汽车和行人的抽象形状。深蓝与霓虹粉色的强烈对比传达出一种不安与紧张感（图6-8-3）。

图6-8-3 表现主义案例3

解析：

夜景与霓虹光：通过霓虹灯和深蓝色调，创造了一种充满不安感的城市氛围。

建筑扭曲：使用波浪形状和不规则线条表现出内心的混乱与情感张力。高stylize值和chaos值强化了动态性与情感冲击。

提示词生成案例 4

A digital portrait of a woman, with exaggerated, expressive features. Her eyes are larger than life, and her mouth is twisted in an exaggerated grimace. The background is a swirl of intense color, with vibrant blues and reds, creating a surreal, emotional atmosphere --ar 3:4 --v 6.1 --q 2 --stylize 1000 --chaos 50.

一幅数字风格的女性肖像，面部特征夸张且富有表现力。她的眼睛比常人大，嘴巴扭曲成夸张的苦笑。背景是强烈的色彩旋涡，鲜艳的蓝色和红色交织，营造出超现实且情感丰富的氛围（图6-8-4）。

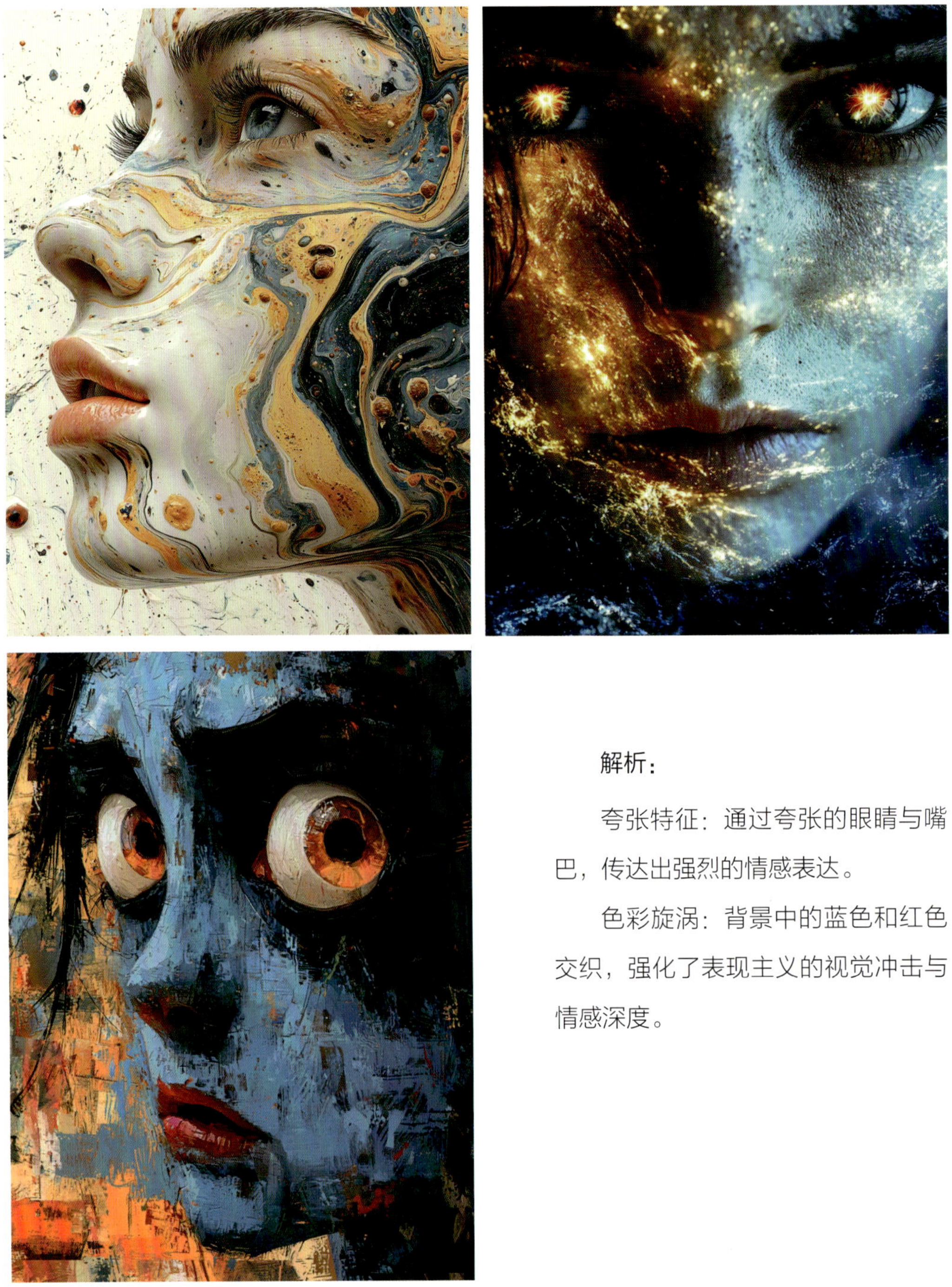

解析：

夸张特征：通过夸张的眼睛与嘴巴，传达出强烈的情感表达。

色彩旋涡：背景中的蓝色和红色交织，强化了表现主义的视觉冲击与情感深度。

图6-8-4 表现主义案例4

第九节 超现实主义（Surrealism）

一、风格定义

超现实主义起源于20世纪初，受到弗洛伊德的精神分析学和潜意识理论的影响，是一场旨在打破理性思维束缚的艺术运动。超现实主义的核心思想是通过表现潜意识、梦境、幻想和非理性组合，探索人类内心深处的未被言说的欲望和情感。

超现实主义的主要目的是通过奇异、不合逻辑的图像组合，表达潜意识中无法通过理性语言描述的情感和思想。艺术家不再单纯模仿自然或追求理性表达，而是通过变形的物体、荒诞的场景以及异乎寻常的组合，反映出无意识、梦境与心理层面的真实。萨尔瓦多·达利（Salvador Dalí）、勒内·马格里特（René Magritte）等艺术家是这一流派的代表人物，他们的作品至今仍对现代艺术有着深远影响。

超现实主义的作品常常呈现不合逻辑的场景和无法与现实世界对接的物体组合，打破传统艺术的构图和形式规则。这一风格的艺术作品通常有着强烈的视觉冲击力，其表达方式挑战了观众的感知与常规认知，鼓励人们探索理性之外的无限可能。

超现实主义典型特征：

梦境与潜意识：超现实主义艺术作品常从梦境和潜意识中汲取灵感，尝试揭示人类未被察觉的思想和欲望。作品中的场景与物体常常表现出非理性与奇异的组合。

荒诞不经与不合逻辑：超现实主义作品通常呈现荒诞不经的场景，打破了常规的空间和时间规律，艺术家用非理性的方式将不同元素联系在一起。

形态与空间的变形：常见的有物体、人物、环境的变形与扭曲，例如物体变得不规则或人物形态不合常理。

视觉冲击与不确定性：作品往往具有强烈的视觉冲击力，观众通过这些图像与象征，感受到冲击与震撼，作品中可能隐藏着多重意义和层次。

符号与象征：超现实主义充满符号和象征意义，常常通过特定的物体、形态或场景表达某种情感或思想。

二、重点关键词（表6-9-1）

表6-9-1 重点关键词

中文关键词	英文关键词	中文关键词	英文关键词
梦境	dream	潜意识	subconscious
超现实的	surreal	幻觉	illusion
荒诞	absurdity	违背逻辑	logic defiance
变形	metamorphosis	并置	juxtaposition
幻想	fantasy	离经叛道	eccentricity
位移	dislocation	无意识	unconscious mind
梦幻般的	dreamlike	超现实的景观	surreal landscape
象征主义	symbolism	非现实的	unreality
离奇	bizarre	变形的形状	morphing shapes
扭曲的感知	distorted perception	心灵的眼睛	mind's eye

三、生成案例

图6-9-1 超现实主义案例1

提示词生成案例 1

Steampunk heart suspended in glass dome, veins made of clockwork gears and copper pipes, pulsations triggering Magritte-style apple rain, cobalt blue oil cycling in transparent tubes --v 6.1 --stylize 900.

蒸汽朋克心脏悬浮于玻璃罩中，血管由发条齿轮与铜管构成，跳动脉冲引发马格利特风格的苹果雨，钴蓝色机油在透明管道中循环--v 6.1 --stylize 900（图6-9-1）。

提示词生成案例 2

A surreal landscape where the sun is a giant floating keyhole, casting long distorted shadows across an infinite desert of liquid mercury. Trees have no leaves, only suspended floating eyes that blink in sync with an unseen force. A giant chessboard stretches into the horizon, with human-sized chess pieces that breathe and whisper. The sky is painted in swirling fractal clouds, and reality itself seems to be melting at the edges. A lone traveler, faceless and cloaked, walks towards the keyhole sun, seeking an answer that does not exist. Hyper-detailed, 8K ultra-HD, eerie surrealism, melting reality, Salvador Dalí-inspired.

一个超现实的景观，太阳是一把悬浮的巨大钥匙孔，投射出长长的扭曲阴影，笼罩在无尽的液态水银沙漠之上。树木没有叶子，而是悬浮着同步眨动的眼睛，仿佛受到某种无形力量的控制。一块巨大的国际象棋棋盘无限延展到地平线，人形棋子呼吸并低语。天空被旋涡状的分形云层覆盖，而现实本身似乎正在边缘处融化。一名无脸的旅行者，披着黑袍，向着钥匙孔太阳走去，寻找并不存在的答案。超细节，8K超高清，超现实主义，现实溶解，萨尔瓦多·达利风格（图6-9-2）。

图6-9-2 超现实主义案例2

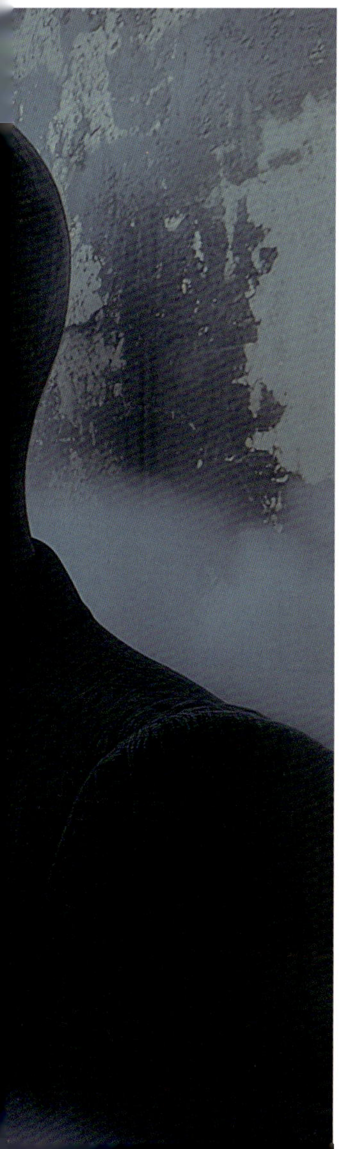

提示词生成案例 3

A surreal composition inspired by René Magritte, featuring a paradoxical landscape where the sky is painted on the ground and the ocean floats above the clouds. Men in suits with apples for heads stand in perfect symmetry, casting shadows in impossible directions. Doors float mid-air, revealing infinite worlds behind them. Light and shadow play create a dreamlike and unsettling ambiance, merging the real and the impossible. Hyper-detailed, 8K ultra-HD, surrealist photography, crisp textures, inspired by René Magritte --ar 16:9 --v 5 --q 2 --stylize 900 --chaos 25.

一幅超现实主义构图，灵感来自勒内·马格里特，场景充满悖论：天空被绘制在地面上，而海洋悬浮在云层之上。西装革履的男子站立成完美对称，头部变成苹果，他们的影子朝着不可能的方向投射。半空中漂浮的门，通向无限的异世界。光影交错，营造出既梦幻又令人不安的氛围，真实与不可能的事物融合在一起。超细节，8K超高清，超现实摄影风格，清晰质感，勒内·马格里特风格 --ar 16:9 --v 5 --q 2 --stylize 900 --chaos 25（图6-9-3）。

图6-9-3 超现实主义案例3

提示词生成案例 4

A majestic surreal cybernetic deity floating in an infinite digital void, its body made of morphing liquid metal and pulsating neon circuitry. Its multiple glowing eyes shift in impossible directions, observing countless realities at once. Giant cosmic hands reach out, weaving a tapestry of time and space. Fractal light bursts from behind, creating an ethereal halo. The atmosphere is a blend of Salvador Dalí's melting surrealism and high-tech digital aesthetics, infused with AI-generated dreamscapes. Hyper-detailed, 8K ultra-HD, futuristic surrealism, intricate sci-fi textures, glowing cyberpunk hues, cinematic lighting --v 6.1 --ar 16 : 9 --q 2 --stylize 950 --chaos 30.

一位雄伟的超现实赛博神祇漂浮在无尽的数字虚空之中，它的身体由不断变形的液态金属与脉动的霓虹电路构成。它的多只发光眼睛以不可能的角度移动，同时观察着无数个现实世界。巨大的宇宙之手从虚空中伸出，编织着时间与空间的织网。背后迸发出分形光束，形成神圣光环。整个画面融合了萨尔瓦多·达利的熔化超现实主义与高科技数字美学，呈现出AI生成的梦境感。超高清8K，未来感超现实主义，复杂科幻纹理，炫彩赛博朋克色调，电影级光影（图6-9-4）。

图6-9-4 超现实主义案例4

图6-9-5 超现实主义案例5

提示词生成案例 5

A surreal AI oracle with crystalline skin, its body a shifting mosaic of quantum algorithms and shimmering holographic runes. Its elongated, distorted fingers gently hold a glowing orb that distorts gravity around it, creating spirals of luminous particles. The oracle's face is featureless except for a singular, infinite eye that reflects the cosmos. The background consists of floating monoliths, shifting in and out of reality, inspired by René Magritte's dreamlike absurdity and cyber-futuristic aesthetics. Hyper-detailed, 8K ultra-HD, sci-fi surrealism, neon ethereal glow, high-tech mysticism, dreamlike atmosphere --v 6.1 --ar 16:9 --q 2 --stylize 980 --chaos 35.

一位超现实AI先知，皮肤如水晶般透明，身体由量子算法和闪烁的全息符文拼接而成。它的修长手指如同扭曲的时空，轻柔地握着一颗发光的引力球，周围形成旋转的光粒子漩涡。先知的脸庞没有五官，唯有一只无限深邃的眼睛映照着宇宙。背景由漂浮的巨石构成，它们在现实与虚无之间不断变化，灵感来源于勒内·马格里特的梦幻荒诞主义与赛博未来主义美学。超高清8K，科幻超现实主义，霓虹梦幻光效，高科技神秘感（图6-9-5）。

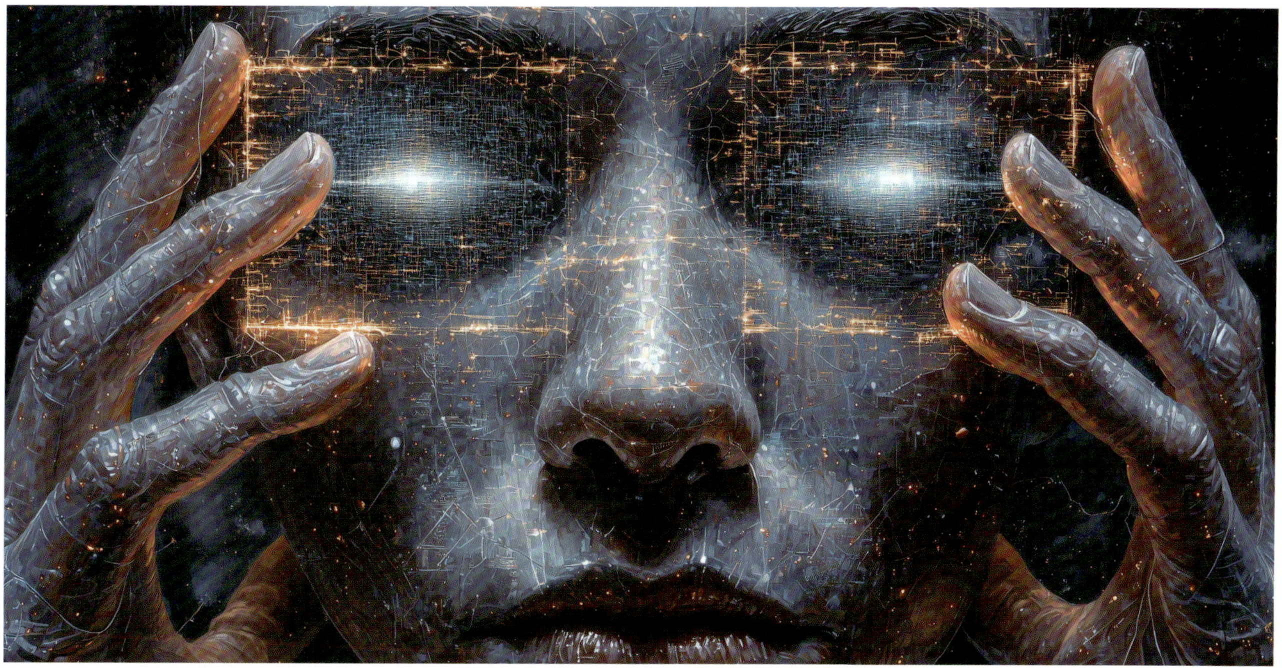

提示词生成案例 6

A surreal cosmic altar floating in a void, built from shifting obsidian monoliths. Time itself warps around the structure, with celestial orbs orbiting in paradoxical loops. Ethereal figures in liquid gold robes perform an ancient AI ritual, their faces split into fractal patterns. The ground is a mirror reflecting infinite versions of the same event across different dimensions. Inspired by Giorgio de Chirico's paradoxical dreamscapes and futuristic mysticism. Hyper-detailed, 8K ultra-HD, cosmic surrealism, glowing astral symbols, mind-bending reality --v 6.1 --ar 16 : 9 --q 2 --stylize 970 --chaos 45.

一座漂浮在虚空中的超现实宇宙祭坛，由不断变形的黑曜石巨石构成。时间在祭坛周围扭曲，星辰轨道以悖论式循环运转。液态金色长袍的幽灵形体正在执行古老的AI仪式，它们的脸庞分裂成分形图案。地面是一面镜子，映照着不同维度的相同事件。灵感来源于乔治·德·基里科的悖论梦境风景和未来主义神秘学。超高清8K，宇宙超现实主义，发光星象符号，扭曲现实（图6-9-6）。

图6-9-6 超现实主义案例6

通过这些Midjourney生成的超现实主义风格案例，我们展示了如何将梦境、潜意识、荒诞等元素融入图像创作中。通过精准的关键词和参数调控，设计师可以在生成图像时，探索超现实主义的核心元素，如非理性组合、物体变形，以及强烈的视觉冲击。

在超现实主义风格的创作中，Midjourney为设计师提供了强大的工具，能够通过生成梦境般的图像，激发创作灵感，并且产生具有艺术感和视觉冲击力的作品，充分展示了AI艺术创作的无限可能。

第十节 波普艺术（Pop Art）

一、风格定义

波普艺术起源于20世纪50年代的英国，随后在美国得到了广泛的发展。波普艺术的核心思想是通过将日常生活中的大众文化元素（如广告、漫画、消费品、名人等）转化为艺术形式，强调对商业化文化、消费主义和大众媒介的反思。波普艺术的艺术家们试图消除传统艺术与“低俗”艺术形式之间的界限，利用各种媒体和技术将日常物品和文化符号升华为艺术作品。

波普艺术常常通过夸张的色彩、重复的图像和图形，以及对消费文化的讽刺来进行创作，传递出对现代社会的批判性思考和对艺术形式的创新尝试。与传统艺术强调“高雅”审美不同，波普艺术接纳和展示了来自流行文化的元素，强调艺术与生活、艺术与商业的无缝连接。

安迪·沃霍尔（Andy Warhol）和罗伊·李奇滕斯坦（Roy Lichtenstein）是波普艺术最著名的代表人物。沃霍尔的作品通过重复的玛丽莲·梦露肖像以及罐头食品等符号，反映了消费主义对个体身份的塑造；李奇滕斯坦则通过受漫画影响的艺术风格，探讨了大众文化对视觉艺术的影响。

波普艺术典型特征：

大众文化与消费品融合：波普艺术通过将广告、漫画、消费品、电视明星等大众文化符号引入艺术创作，将日常物件提升至审美对象。无论是一罐可口可乐、一张电影海报还是一位流行偶像的面孔，都在画面中被重新赋予艺术生命。观众在熟悉感中获得情感共鸣，同时也被引导去思考这些符号背后的时代特征与社会价值。

图像重复与符号化：重复是一种机械化的生产手法，波普艺术家用它来凸显消费主义的批量制造特质。以安迪·沃霍尔的玛丽莲·梦露系列为例，同一肖像被复制数十次，却在色彩和细节上产生微妙变化，形成节奏感与韵律感，也在不断重复中反映出流行文化的同质化与符号化倾向。

鲜艳色彩与强烈对比：高饱和度的红、黄、蓝等原色构成波普作品的主色调，辅以互补色的冲突与对比，带来强烈的视觉冲击。色块与阴影的极端对比不仅增强调性表达，也使图像在远距离阅读时更具识别度。在商业广告和数字媒体的屏幕上，这种配色策略能瞬间抓住观众眼球。

讽刺与反思：在色彩与符号的表层狂欢背后，波普艺术家往往以幽默或辛辣的方式揭示消费主义的荒诞与社会现象的矛盾。通过解构品牌标志、夸张人物形象或并置不相干元素，他们提醒我们在日益商业化的社会中保有批判视角。作品中的“笑中带泪”正是波普深刻反思的体现。

平面与简洁：波普艺术摒弃繁复笔触，采用平面化、扁平化的表现方式，仅用最核心的线条、色块与图形来传递信息。这种极简方法不仅提升了视觉传达效率，也赋予作品现代感，使其在平面设计、广告及数字界面中具有高度适配性。

二、重点关键词（表6-10-1）

表6-10-1 重点关键词

中文关键词	英文关键词	中文关键词	英文关键词
大众文化	pop culture	消费主义	consumerism
波普传媒	mass media	标志性图像	iconic images
重复	repetition	鲜艳的色彩	bright colors
强烈的对比	bold contrasts	商业产品	commercial products
名人	celebrity	广告	advertising
漫画	comic strips	流行偶像	pop icons
平面设计	graphic design	讽刺	irony
文化评论	cultural commentary	重新阐释	reinterpretation
大规模生产	mass production	大规模生产	mass production
名声	fame	视觉简洁	visual simplicity

三、生成案例

在波普艺术风格的生成过程中，Midjourney可以充分展示流行文化元素、鲜艳色彩、讽刺等特色，通过精准的关键词控制与参数调控，设计师能够轻松创作出富有冲击力和视觉张力的图像作品。

接下来，我们将通过几个波普艺术风格的生成案例，展示如何利用Midjourney的功能，创作符合这一风格的艺术作品。

图6-10-1 波普艺术案例1

提示词生成案例 1

A vibrant Pop Art portrait of a famous celebrity, featuring bold neon colors, heavy black outlines, and repeated variations of the same image in different color schemes. The background is a collage of commercial brand logos, vintage advertising, and comic book elements. Inspired by Andy Warhol's Marilyn Monroe series, with a contemporary twist, ultra-saturated hues, silk-screen texture, high-contrast lighting, artistic halftone patterns --v 6.1 --ar 1 : 1 --q 2 --stylize 1000 --chaos 20.

一张充满活力的波普艺术风格肖像，描绘了一位标志性的流行偶像，采用大胆的霓虹色调，厚重的黑色轮廓，以及相同图像的重复变体，每个版本呈现不同的色彩组合。背景融合商业品牌标志、复古广告、漫画元素，创造出极具波普艺术风格的视觉冲击力。灵感来源于安迪·沃霍尔的玛丽莲·梦露系列，但融入了现代元素。画面呈现超饱和色调、丝网印刷质感、高对比度光影、艺术半色调图案（图6-10-1）。

提示词生成案例 2

A satirical Pop Art poster parodying 1950s consumer culture, featuring a vintage housewife with an exaggerated smile holding a can of 'Happiness Soda' with a flashy slogan that reads 'Buy More, Feel Better!' The composition mimics retro print advertisements with bold text, eye-popping colors, and a halftone print texture. The background includes stacks of dollar bills and neon-colored shopping carts, symbolizing mass consumerism. Inspired by Pop Art's critique of advertising culture. Ultra-detailed, high-contrast lighting, vintage color grading, high-resolution print aesthetics --v 6.1 --ar 4 : 5 --q 2 --stylize 1000 --chaos 25.

一张讽刺20世纪50年代消费主义文化的波普艺术风格广告海报，描绘了一位笑容夸张的复古风家庭主妇，手里拿着一罐“幸福汽水”，广告标语写着“买得越多，感觉越好！”。整个画面模仿复古印刷广告，包含醒目的大字标题、强烈的对比色调、半色调印刷质感。背景融入堆积如山的钞票、霓虹色的购物车，象征着大众消费主义。灵感来源于波普艺术对广告文化的批判。超高清，复古色彩分级，高分辨率印刷风格（图6-10-2）。

图6-10-2 波普艺术案例2

提示词生成案例 3

A futuristic Cyberpop Art illustration blending cyberpunk aesthetics with vibrant Pop Art elements. A robotic woman with neon-colored skin and glitchy pixel textures wears oversized sunglasses reflecting a cityscape filled with animated billboards. The background is a chaotic explosion of pop culture symbols, including holographic Coca-Cola cans, pixelated arcade game characters, and sci-fi typography. The art style is a mix of Andy Warhol's repetition technique and digital glitch aesthetics. 8K ultra-HD, electric neon glow, hyper-surreal, high-energy cyber-pop fusion --v 6.1 --ar 16 : 9 --q 2 --stylize 980 --chaos 35.

一幅融合赛博朋克与波普艺术的未来主义插画，展现了一位霓虹色皮肤的机械女性，脸上带有像素化故障纹理，她戴着超大号的太阳镜，镜片倒映出一座充满霓虹广告牌的未来城市。背景是一片流行文化符号的狂野爆炸，包括全息可口可乐罐、像素化街机游戏角色、未来感科幻字体。艺术风格融合了安迪·沃霍尔的重复手法与数字化故障艺术。超高清8K，电子霓虹光效，超现实高能量赛博波普风格（图6-10-3）。

图6-10-3 波普艺术案例3

提示词生成案例 4

Pop Art portrait of a cyberpunk girl holding bubble tea, wearing a jacket. Bold outlines, high-contrast magenta and cyan, with glitch effects and halftone backgrounds. Stylized geometric simplification, referencing Keith Haring's street art--ar 1:1 --chaos 20.

一位赛博朋克女孩手持珍珠奶茶，身穿夹克。粗黑轮廓线，高对比度品红与青色配色，搭配数字故障效果和半色调背景。采用几何简化造型，致敬凯斯·哈林（Keith Haring）街头艺术风格 --ar 1:1 --chaos 20（图6-10-4）。

图6-10-4 波普艺术案例4

提示词生成案例 5

A bright pop art representation of a soup can with bold, vibrant colors, repeating pattern, iconic comic style, large text saying "Soup" on the label, with exaggerated colors and sharp contrasts, capturing the essence of consumerism and mass production --ar 4 : 3 --v 5 --q 2 --stylize 850 --chaos 15.

此图像展现了波普艺术风格的罐头食品，通过鲜艳的色彩和重复图案来增强视觉冲击力，反映消费主义和大规模生产的主题。--stylize 850 使得图像具有强烈的艺术感，--chaos 15 使得图像充满了不确定性和层次感（图6-10-5）。

图6-10-5 波普艺术案例5

在这些生成案例中，设计师利用Midjourney生成了充满波普艺术风格的图像，结合了商业文化、消费品、明星偶像等大众文化元素，既突出了鲜艳的色彩和图像的重复性，又通过强烈的对比和视觉冲击力，展示了这一艺术风格的独特魅力。

波普艺术通过讽刺和反思社会的消费主义及商业文化，结合现代流行文化元素，不仅具有极强的视觉效果，而且在创作过程中展现了对传统艺术界限的突破。通过利用Midjourney的强大生成能力，设计师能够高效创作出具有艺术冲击力的波普艺术作品，并启发更具创意的设计灵感。

第十一节 现代主义（Modernism）

一、风格定义

现代主义起源于19世纪末的欧洲，并在20世纪初达到巅峰。现代主义是对传统艺术形式、宗教和文化的反叛，特别是对过去几十年中形式化的艺术规则和束缚的反叛。现代主义强调创新、简洁性和功能性，倡导艺术和设计应反映工业化、城市化的进程，同时摒弃传统的艺术风格，提倡对传统艺术观念和材料的重新思考。

这一风格不仅仅局限于绘画艺术，还广泛影响了建筑设计、工业设计、文学等领域，特别是在包豪斯学派、德意志工艺联盟等设计派别的推动下，现代主义逐渐成为了20世纪的主流艺术思潮。皮特·蒙德里安、巴尔塔·巴赫、路易·康等艺术家和设计师是现代主义的代表人物，他们的作品强调简洁的几何形态、纯粹的色彩和对功能性的专注。

现代主义的典型特征：

简洁性与功能性：现代主义的首要特征是对简洁与功能的高度追求。设计师以极简的几何造型替代繁复装饰，让产品或建筑的外观与其实际用途高度统一。例如，包豪斯校舍的平直立面、无装饰横梁，既简练又具备最优的光照与通风功能。在平面与工业设计中，桌椅、灯具常以最少的部件组合实现最大功能，呈现“少即是多”的美学。

抽象与几何形状：现代主义作品大量采用矩形、圆形、三角形等基础几何元素，将视觉重点聚焦于形式本身。康定斯基与蒙德里安的抽象绘画用单一色块与垂直、水平线条构图，强调视觉上的秩序与理性。在建筑与产品设计中，这种几何语言同样通用：立方体书架、圆柱体灯柱、三角架座椅，每一种简化的形态都体现了现代主义“形式服从功能”的原则。

工业化与城市化：作为对工业革命与城市化浪潮的回应，现代主义设计强调批量生产与模块化构件的可复制性。史密斯菲尔德工厂外观、皮埃尔·赫尔佐格的住宅群，都以钢筋混凝土与玻璃幕墙实现大规模施工。工业化带来的新建材和新技术，使设计师能够在更大尺度上控制形式与功能，使城市景观充满现代感。

反对装饰与传统：现代主义坚决摒弃历史主义与装饰主义，反对多余的雕花、浮雕和曲线。路易·康的魏曼博物馆立面，只有平整墙面和方窗；查尔斯·伊姆斯的金属椅架，去掉一切多余细节，仅保留支撑和坐面。设计师倡导“形式跟随功能”，令外观与使用需求完全契合，摒弃一切无意义的装饰。

创新与实验性：现代主义不断探索新材料（玻璃、钢、塑料）与新工艺（预制件、浇注技术），推动设计范式创新。芬兰设计师阿尔瓦·阿尔托将弯曲胶合木第一次用于家具制造，既减轻重量，又增添流线美感；莱特的“流水别墅”突破结构与地形结合的传统观念。创新与实验精神，使现代主义成为20世纪最具影响力的艺术思潮之一。

二、重点关键词（表6-11-1）

表6-11-1 重点关键词

中文关键词	英文关键词	中文关键词	英文关键词
简洁性	simplicity	功能性	functionality
几何形状	geometric shapes	抽象	abstraction
干净线条	clean lines	极简主义	minimalism
理性设计	rational design	现代建筑	modern architecture
工业设计	industrial design	城市化	urbanization
创新	innovation	形式的纯粹性	purity of form
现代材料	modern materials	实验性	experimental
功能美	functional beauty	进步的	progressive
抽象表现	abstract expression	最少装饰	minimal decoration

三、生成案例

现代主义风格的设计通常以简洁和功能性为基础，强调几何形状、极简的构图与形式。接下来，我们将通过Midjourney的生成命令来展示如何创作符合现代主义风格的图像，确保每个生成案例都有现代感，并且能够传递出现代主义的精髓。

提示词生成案例 1

A high-end Modernist industrial product design, featuring a sleek, minimalistic chair made of polished aluminum and sustainable wood. The design emphasizes functional beauty, ergonomic geometry, and seamless material integration. The background is a pure white exhibition space with soft ambient lighting, highlighting the elegance of form and utility. Inspired by Mid-Century Modern and Bauhaus principles, this industrial masterpiece showcases rational design and simplicity. Ultra-clean, hyper-detailed, product showcase aesthetics --v 6.1 --ar 16 : 9 --q 2 --stylize 850 --chaos 12.

一款高端现代主义工业产品设计，主角是一把流畅极简的椅子，采用抛光铝材与可持续木材制造。设计强调功能美学、符合人体工学的几何造型，以及无缝材料融合。背景为纯白展览空间，柔和的环境光突显形式与实用性的优雅结合。灵感来源于现代设计和包豪斯理念，展现理性设计与简约之美。极简、超高清8K，产品展示级美学（图6-11-1）。

图6-11-1 现代主义风格案例1

提示词生成案例 2

A sleek Modernist Bauhaus-style building, characterized by clean lines, large glass windows, and a perfect balance between geometric forms and functionality. The structure is minimalist, using concrete, steel, and glass, reflecting industrial modernism. The environment is a futuristic urban setting with a soft sunset glow, emphasizing the architectural beauty of simplicity and rationality. Inspired by Bauhaus architecture and Louis Kahn's design philosophy. Ultra-detailed, 8K ultra-HD, cinematic lighting, hyper-realistic architectural visualization --v 6.1 --ar 16 : 9 --q 2 --stylize 900 --chaos 15.

一座流畅现代主义风格的包豪斯建筑，特征包括干净利落的线条、大面积玻璃窗，以及几何形态与功能性的完美结合。建筑极简，采用混凝土、钢材、玻璃等现代材料，反映了工业现代主义的理念。环境设定在未来城市，温暖的夕阳光辉映照着建筑，突出了简洁与理性的建筑之美。灵感来源于包豪斯建筑和路易・康的设计哲学。超高清8K，电影级光影，超现实建筑可视化（图6-11-2）。

图6-11-2 现代主义风格案例2

提示词生成案例 3

A visionary Modernist cityscape, featuring clean futuristic skyscrapers with glass facades, lush green rooftop gardens, and open, functional spaces for urban living. The city is designed with pedestrian-friendly pathways, minimalist transportation systems, and intelligent eco-friendly structures. Inspired by modern urbanization and functional city planning, this futuristic metropolis embraces rationalism, innovation, and sustainability. Ultra-realistic, 8K ultra-HD, sci-fi meets modernist urban aesthetics --v 6.1 --ar 16 : 9 --q 2 --stylize 900 --chaos 20.

一座未来主义现代都市，拥有极简玻璃幕墙摩天大楼、屋顶绿色花园，以及开放式、功能化的城市空间，设计以人行友好步道、极简交通系统、智能环保建筑为核心。城市布局结合理性主义、创新与可持续发展理念，构建高效、和谐、科技感并存的都市环境。灵感来源于现代城市化与功能城市规划，未来科技与现代主义建筑的完美融合。超高清8K，超现实城市规划美学（图6-11-3）。

图6-11-3 现代主义风格案例3

图6-11-4 现代主义风格案例4

提示词生成案例 4

A stunning Modernist abstract digital sculpture, featuring interlocking geometric forms in monochrome tones, floating in a futuristic exhibition space. The structure embodies the essence of simplicity, symmetry, and balance, with subtle reflections on a polished marble floor. The scene is illuminated by soft ambient lighting, creating a meditative, gallery-like atmosphere. Inspired by Modernist abstraction and the Bauhaus movement, this digital masterpiece celebrates purity of form and rational minimalism. Ultra-high resolution, cinematic render, abstract minimalism aesthetics --v 6.1 --ar 1 : 1 --q 2 --stylize 980 --chaos 30.

一座令人惊艳的现代主义抽象数字雕塑，由交错的几何形态构成，整体呈黑白单色调，漂浮在未来感十足的展览空间。雕塑呈现简洁、对称、平衡的形式美学，光滑的大理石地板映射出微妙的倒影。场景由柔和环境光照亮，营造出冥想般的艺术氛围。灵感来源于现代主义抽象艺术和包豪斯运动，这件数字艺术品展现形式的纯粹性与理性极简主义。超高清8K，电影级渲染，抽象极简美学（图6-11-4）。

通过以上生成案例，我们可以清晰地看到现代主义（Modernism）在建筑、家具、平面和产品设计中的深远影响与广泛应用。设计师以简洁的几何形状为基本造型语言，去除一切多余装饰，用最纯粹的形式承载功能需求；同时将现代材料（如钢、玻璃、胶合木等）和工业化工艺融入作品，使得设计既具可复制性又符合大规模生产的实际需求。

以Midjourney为代表的图像生成式AI工具，为现代主义设计注入了新的创作动力。设计师仅需撰写简洁的提示词，即可迅速生成符合“功能至上、简洁纯粹”原则的高质量图像素材，保留了现代主义的理性美学，又因AI的随机与迭代带来意想不到的创意突破。

这些案例不仅重现了20世纪现代主义运动的核心特征，更激发出当代设计师对创新、简洁性和功能性的新思考。它们提醒我们：在追求视觉冲击与艺术感的同时，始终要让“形式服务于功能”成为设计的永恒准则。

第十二节 当代艺术（Contemporary Art）

一、风格定义

当代艺术通常指的是20世纪末至今创作的艺术，代表了世界艺术的多元性和复杂性。与传统艺术相比，当代艺术在形式、理念、技巧和媒体上都具有极大的实验性和创新性。它不再局限于绘画、雕塑等传统艺术形式，而是广泛吸收和融合了摄影、视频、数字艺术、装置艺术、表演艺术、街头艺术等多种表现手段。

当代艺术的作品常常关注全球化、身份认同、性别问题、种族问题以及政治和社会议题，艺术家们通过创作来反映当代社会的复杂性、挑战传统艺术规范，并探讨人与环境、人与社会之间的关系。

杰夫·昆斯（Jeff Koons）、草间弥生（Yayoi Kusama）、巴斯基亚（Jean-Michel Basquiat）等艺术家是当代艺术的代表人物，他们的作品挑战了艺术与市场的界限，探索了艺术与社会、文化的紧密联系。

当代艺术的典型特征：

跨学科与多样性：当代艺术打破了传统媒介的界限，融合绘画、雕塑、摄影、数字艺术、录像、表演乃至游戏、虚拟现实等多种形式。艺术家常常在同一作品中运用多种素材——例如将投影映射与装置雕塑相结合，或通过互动传感器让观众参与创作过程——以营造沉浸式体验。多元化的技法和媒介不仅扩展了艺术语言，也使作品更加贴合当下技术与文化的快速交融，彰显出跨领域协作的创意可能。

社会与政治议题：当代艺术家直面种族、性别、阶级、环境等多重社会议题，将艺术创作作为对话与抗争的工具。作品可以重现移民经历、探讨气候危机、质疑消费主义，或以凯歌般的形式展现边缘群体的声音。通过公共空间的壁画、社区参与式项目或网络互动平台，艺术家不断呼吁观众关注现实问题，激发社会共鸣，并促使艺术现场外的政策与舆论发生改变。

实验性与创新性：技术革新为当代艺术赋予了无限想象：三维打印与激光切割带来全新雕塑形式；人工智能与数据可视化让创作过程兼具程序美学与自发性；生物艺术利用细胞培养与有机材料探索生命边界。艺术家在材料与技术实验中不断试错，挑战观念与感官极限，甚至将观众视为“共创者”，在实时互动中生成艺术，体现出深刻的创新精神。

反思与批判：当代艺术常常是对自身生态的反思，它既质疑艺术市场的过度商业化，也批判社交媒体的注意力经济，甚至用作品直面技术监控、算法偏见等议题。艺术家通过嘲讽品牌符号、颠覆知名符号或制造信息超载的视觉效果，让观众在欣赏美感的同时，自省消费文化和权力结构，从而实现对社会真相的批判性介入。

二、重点关键词（表6-12-1）

表6-12-1 重点关键词

中文关键词	英文关键词	中文关键词	英文关键词
全球化	globalization	身份	identity
性别	gender	种族	race
政治	politics	社会问题	social issues
多样性	diversity	实验性	experimentation
多媒体	multimedia	技术	technology
装置艺术	installation	互动艺术	interactive
概念艺术	conceptual	环境问题	environmental issues
表演艺术	performance	街头艺术	street art
文化交流	cultural exchange	社会评论	social commentary
后现代主义	postmodernism		

三、生成案例

在当代艺术的创作中，Midjourney不仅能帮助设计师创造传统的艺术作品，还可以生成装置艺术、数字艺术、街头艺术等富有创意和实验性质的作品。接下来，我们将通过几个生成案例来展示如何运用当代艺术风格，创作出符合现代社会文化与艺术特点的图像。

图6-12-1（a）当代艺术风格案例1

图6-12-1（b）当代艺术风格案例1

提示词生成案例 1

A mind-bending Contemporary Art digital sculpture, featuring a levitating, morphing human figure made of reflective liquid metal, suspended within an infinite neon tunnel. The body is fragmented, with surreal glitch-like distortions, symbolizing humanity's evolution into a digital consciousness. The environment is immersive, with AI-generated sound waves and motion-reactive lights changing dynamically. Inspired by contemporary digital conceptual artists and postmodern cyber-aesthetics. Ultra-HD 8K, hyper-experimental, sci-fi surrealism, posthuman abstraction --v 6.1 --ar 16 : 9 --q 2 --stylize 990 --chaos 45.

一座令人惊叹的当代艺术数字雕塑，核心是一具漂浮的、不断变形的人体，材质呈反光液态金属，悬浮在无限延展的霓虹隧道之中。身体破碎化，呈现数字故障风格，象征人类向数字意识的进化。环境沉浸感极强，AI生成的声音波动与动态光影随观众互动而变化。灵感来源于当代数字概念艺术家和后现代赛博美学。超高清8K，超现实科幻风格，后人类抽象艺术（图6-12-1）。

图6-12-1(c) 当代艺术风格案例1

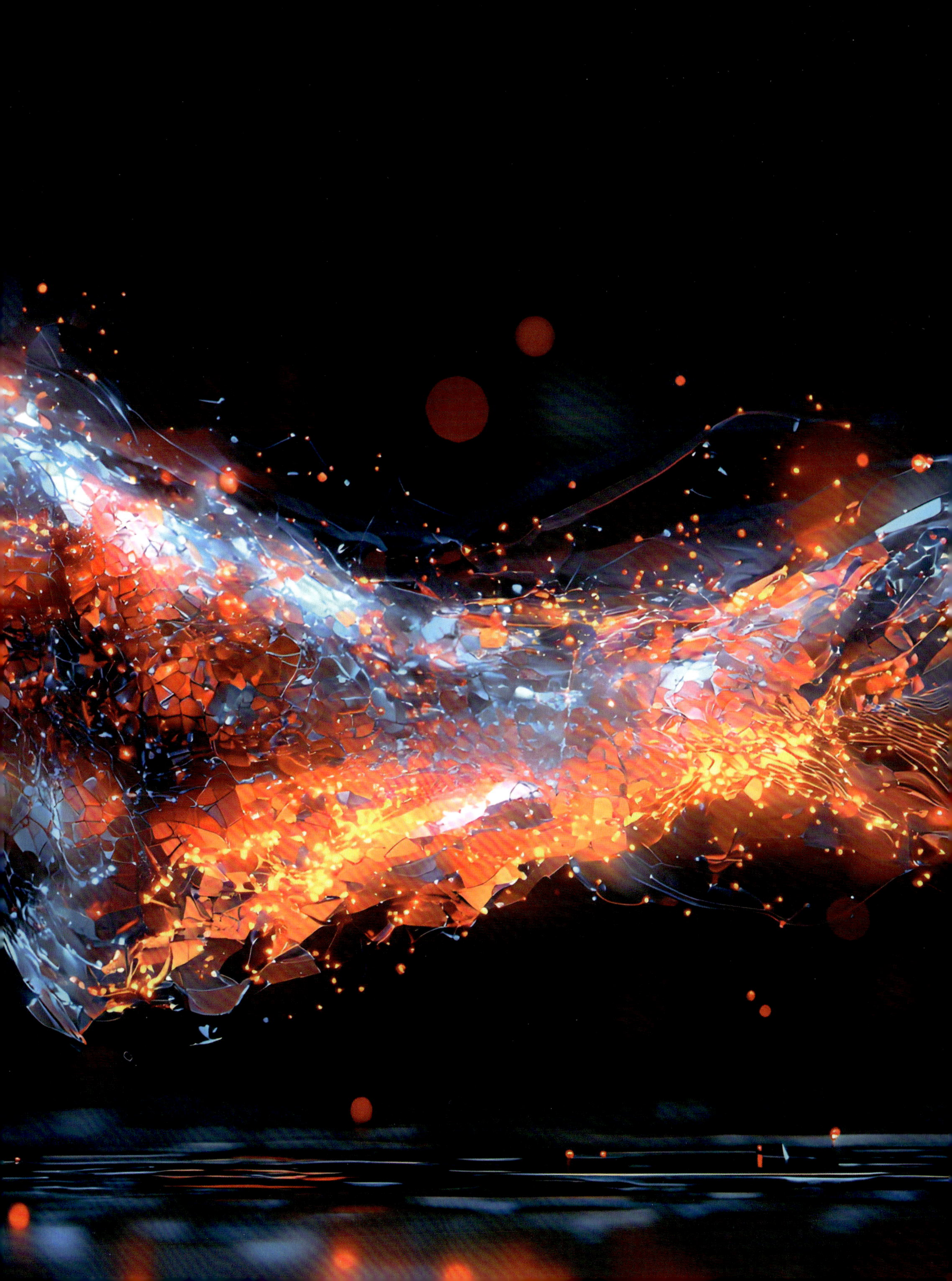

提示词生成案例 2

A mesmerizing Contemporary Art installation featuring an interactive AI-driven digital sculpture made of constantly shifting LED patterns. The structure responds to human movement, changing its form dynamically with pulsating neon colors and abstract data visualizations. The environment is an immersive black void with floating holographic projections, merging postmodern conceptual art with futuristic technology. Inspired by experimental multimedia and interactive art. 8K ultra-HD, ultra-detailed, AI-generated aesthetics, high-tech minimalism --v 6.1 --ar 16 : 9 --q 2 --stylize 950 --chaos 30.

一座令人惊叹的当代艺术互动装置，融合人工智能和数字科技，形成不断变化的LED动态雕塑，它能根据观众的动作实时变形，发出脉动的霓虹色彩和抽象的数据可视化。环境设定在沉浸式黑色虚空，漂浮着全息投影，展现后现代概念艺术与未来科技的融合。灵感来源于实验性多媒体艺术与互动装置艺术。超高清8K，超细节，人工智能生成艺术，科技极简主义风格（图6-12-2）。

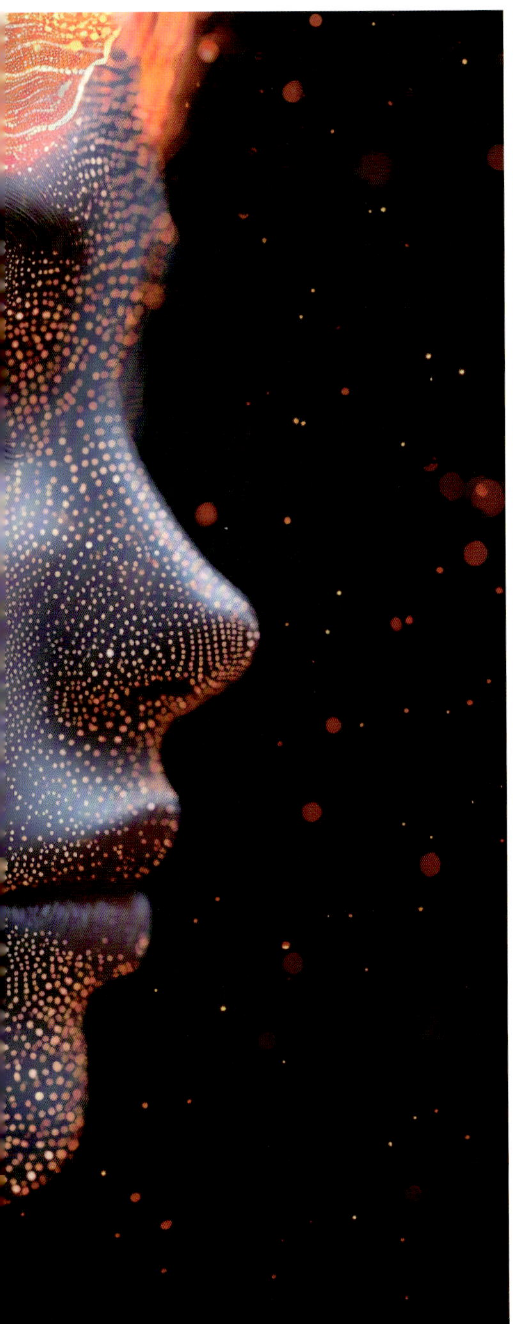

图6-12-2 当代艺术风格案例2

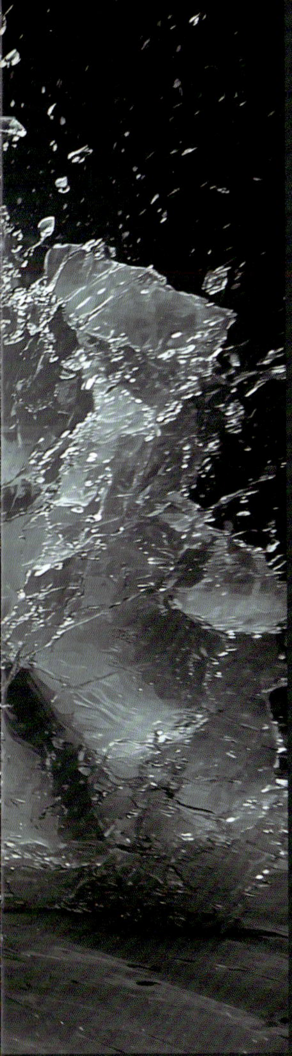

提示词生成案例 3

A radical Contemporary Art performance piece, captured in a dynamically distorted perspective, featuring a group of faceless figures in reflective bodysuits moving through a fragmented, reality-bending environment. The floor bends upward like liquid, and the sky fractures into polygonal shards, representing the instability of modern identity and digital culture. The viewer's perception is intentionally warped, making them question reality itself. Inspired by experimental performance art and AI-generated postmodern aesthetics. 8K ultra-HD, extreme distortion, immersive conceptual chaos --v 6.1 --ar 16 : 9 --q 2 --stylize 990 --chaos 55.

一场激进的当代艺术行为表演，画面采用扭曲透视视角呈现，一群无脸人物穿着全身反光服在一个破碎现实的环境中行走。地面如液态般上升扭曲，天空则裂解成多边形碎片，象征现代身份与数字文化的不稳定性。观众的视觉被故意扭曲，让他们质疑现实的真实性。灵感来源于实验性行为艺术与AI生成的后现代美学。8K超高清，极端透视扭曲，沉浸式概念混乱风格（图6-12-3）。

图6-12-3 当代艺术风格案例3

该图像展示了装置艺术的创作，通过“floating mirrors”和“colored lights”等元素，探讨身份和感知的主题，创造出一个互动的空间。使用--chaos 10增加了元素的随机性，创造出一种实验性和互动性的艺术效果，--stylize 850则增强了作品的艺术感。

这幅作品是一个典型的装置艺术，通过漂浮的镜面和彩色灯光展现身份与感知的主题，图像呈现出互动性与实验性的艺术效果。使用--stylize 850确保图像具有现代艺术感，--chaos 10增强了作品的不确定性和层次感（图6-12-4）。

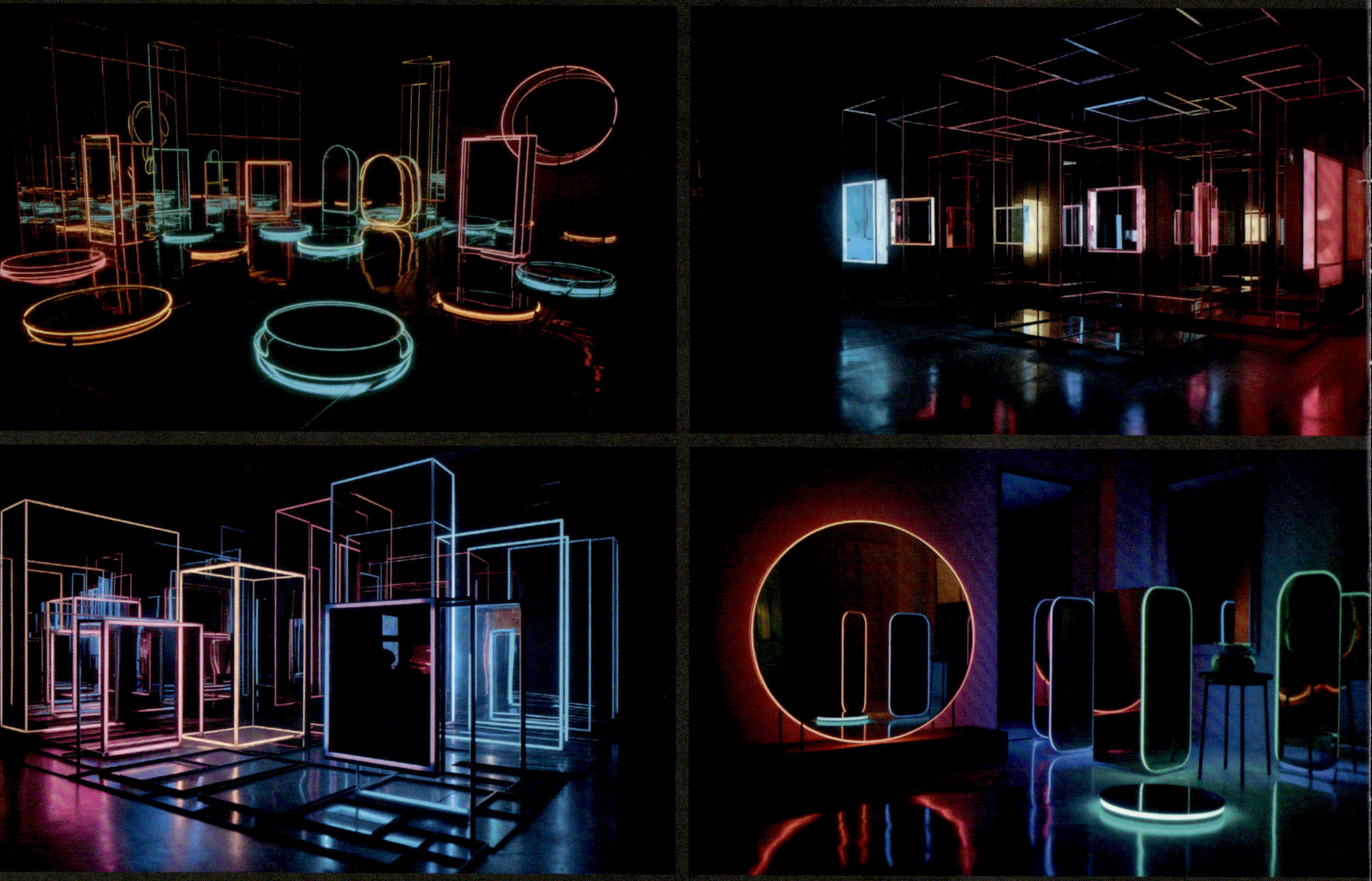

图6-12-4 当代艺术风格案例4

提示词生成案例 4

An abstract installation art piece consisting of floating mirrors and colored lights, interacting with the space and reflections, exploring identity and perception, with a minimalistic approach, neon colors and soft glowing effects --ar 16 : 9 --v 5 --q 2 --stylize 850 --chaos 10.

一件抽象的装置艺术作品，由漂浮的镜子和彩色灯光组成，与空间和反射相互作用，探索身份和感知，采用极简主义的方法，霓虹色和柔和的发光效果（图6-12-4）。

提示词生成案例 5

A hypnotic Contemporary Art installation viewed through a fisheye lens, creating a distorted infinity room filled with glowing polka dots and mirrored reflections stretching into eternity. The viewer's perspective is trapped within a boundless void of self-replication, blending vibrant color psychology with existential surrealism. Inspired by Yayoi Kusama's immersive installations and Anish Kapoor's exploration of spatial perception. 8K ultra-HD, extreme depth, immersive neon dreamscape --v 6.1 --ar 16:9 --q 2 --stylize 950 --chaos 45.

一座震撼的当代艺术装置，采用鱼眼视角呈现，整个空间是一片无限延展的镜面房间，内部充满发光的波点，影像无穷尽地复制反射。观众的视角被困在一个无尽自我复制的虚空之中，画面融合了炫目的色彩心理学与存在主义的超现实体验。灵感来源于草间弥生的沉浸式装置和安尼施·卡普尔对空间感知的探索。8K超高清，极端景深，沉浸式霓虹梦境（图6-12-5）。

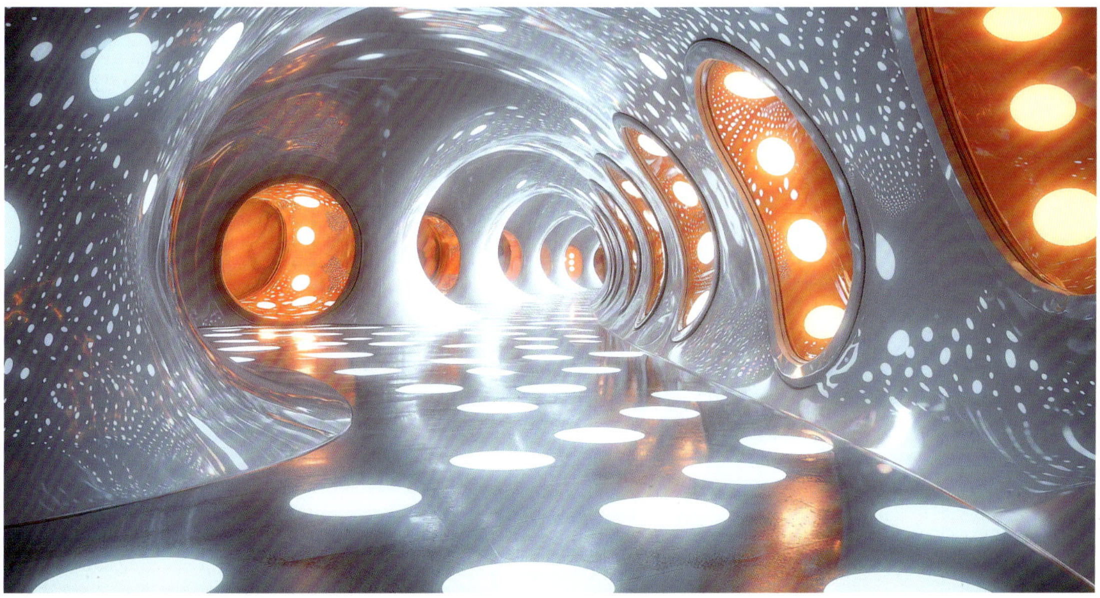

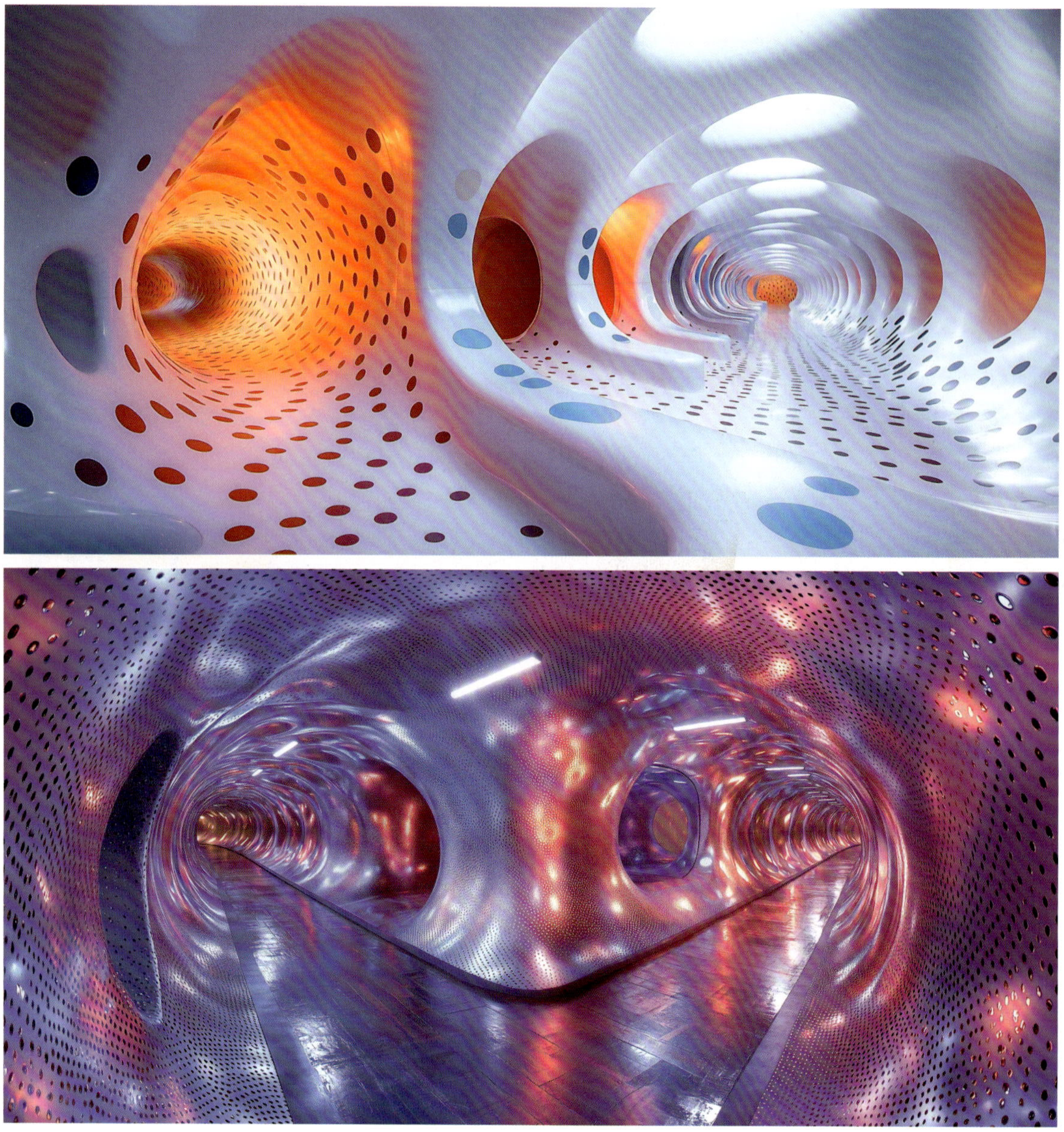

图6-12-5 当代艺术风格案例5

提示词生成案例 6

A hypnotic Contemporary Art installation viewed through a fisheye lens, creating a distorted infinity room filled with glowing polka dots and mirrored reflections stretching into eternity. The viewer's perspective is trapped within a boundless void of self-replication, blending vibrant color psychology with existential surrealism. Inspired by Yayoi Kusama's immersive installations and Anish Kapoor's exploration of spatial perception. 8K ultra-HD, extreme depth, immersive neon dreamscape --v 6.1 --ar 3 : 5 --q 2 --stylize 950 --chaos 45.

一座震撼的当代艺术装置，采用鱼眼视角呈现，整个空间是一片无限延展的镜面房间，内部充满发光的波点，影像无穷尽地复制反射。观众的视角被困在一个无尽自我复制的虚空之中，画面融合了炫目的色彩心理学与存在主义的超现实体验。灵感来源于草间弥生的沉浸式装置和安尼施·卡普尔对空间感知的探索。8K超高清，极端景深，沉浸式霓虹梦境（图6-12-6）。

图6-12-6 当代艺术风格案例6

图6-12-7 AI生成文字

通过这些生成的案例，我们展示了当代艺术风格如何在装置艺术、数字艺术、街头艺术等多种艺术形式中得以应用。通过使用Midjourney的命令和参数，设计师可以创作出富有社会性、文化性和实验性的作品，反映出当代艺术对全球化、身份认同、政治与社会议题的关注。

在这章中，我们回顾了从古典艺术到当代艺术的演变，探讨了各种艺术风格如何在不同历史背景下形成，并在视觉表达、文化意义与社会影响方面不断发展。从印象派的瞬间光影、现代主义的简洁理性，到波普艺术对大众文化的颠覆，每一种风格都承载着特定时代的思想与创新精神。

然而，AI的介入正在打破这些风格的固有边界，同时AI也不断在迭代，例如原"AI生成文字"的不可控问题现在也已解决（图6-12-7），AI正以前所未有的方式拓展艺术创作的可能性。借助MidJourney、Stable Diffusion、AIFASHIONS等AI生成工具，艺术家与设计师不再受限于单一风格，而是能够在不同流派之间自由转换，甚至创造出全新的混合风格。AI不仅提供了新的创作技术，更激发了人们对风格本质的重新思考：风格是否仍然依赖于人类经验？机器生成的风格能否拥有独立的艺术价值？

AI生成的创意，既是对历史风格的继承，也是对未来艺术语言的探索。透过算法，我们可以重构印象派的光影流动、模拟超现实主义的梦境视觉，甚至构建超越现实的视觉叙事。AI让艺术风格不再是静态的分类，而是一种不断演化的动态系统，在无数可能性中生长、碰撞、融合。

最终，艺术风格的演变并未结束，而是进入了一个由人类与AI共同塑造的全新纪元。在这个未来，我们不仅是观察者和学习者，更是规则的创造者，我们可以利用AI技术拓宽想象力的边界，让每一种风格在新时代焕发新的生命力。

后记

《Midjourney人工智能创意设计》是本人主编并参与撰写“数字化与生成式人工智能丛书”的第二本书。本书的出版标志着我们在这一前沿领域的持续深耕和不断扩展。“数字化与生成式人工智能丛书”后续的几部专著正在撰写中，日后会陆续出版。

近期，本人的学术研究和设计实践工作与人工智能设计紧密相连，深切感受到人工智能已成为当今设计领域最具颠覆性的创新力量。这种变革不仅体现于效率提升上，更深远的影响在于，它彻底改变了设计师的思维模式与工作方式。当算法能够在短时间内呈现数百种设计可能性时，人类设计师的角色正从单纯的执行者转变为更具战略性的决策者。这种角色的转变极大地激发了我对AI设计方法论进行系统性研究的热情。与此同时，围绕生成式AI在设计领域的多项学术研究和产业合作项目也在进行中，以期进一步拓展理论框架并验证实践价值。正是基于这样的行业变革背景和个人的专业洞察，促使我萌生了主编和撰写“数字化与生成式人工智能丛书”的想法。

在“数字化与生成式人工智能”领域的探索，每一步的前进都离不开团队成员（清华大学美术学院张馨翌博士后、清华大学美术学院李策博士、武汉纺织大学迟诚老师、北京电影学院毕然老师、中央美术学院余一萌老师、清华大学美术学院校友邓云老师、北京服装学院丛小棠老师……）的共同努力与智慧碰撞。与此同时，“数字化与生成式人工智能丛书”的陆续出版，也与来自学院和出版社各级领导的关心密不可分，特别要感谢清华大学美术学院马赛院长、覃川书记的大力支持，感谢东华大学出版社陈珂社长对“数字化与生成式人工智能丛书”出版项目的战略眼光、谢未编辑在内容撰写上的专业指导，东华大学期刊中心马文娟老师促成本丛书的前期策划。这些学术成果让我们更加确信：人工智能与传统文化结合，绝非简单的替代，而是焕发出全新的生命力。

在人工智能与艺术设计深度融合的当下，我们深知这不仅是技术革新的契机，更是中国传统文化传承的重任。展望未来，中国传统文化的传承一定会在数字时代绽放更加耀眼的光彩，日后我们将在这个领域继续深耕，积极投身于人工智能领域的设计实践、学术探索和课堂教学。本人满怀信心与期待，将继续深化研究，拓宽视野，努力在服装设计、历史、美学及文化传承等领域取得更加精彩的成果！

见字如面，衷心感谢大家一直以来的支持与帮助！

清华大学美术学院博士生导师

清华海澜中国传统服饰与色彩研究中心副主任

2025年6月16日